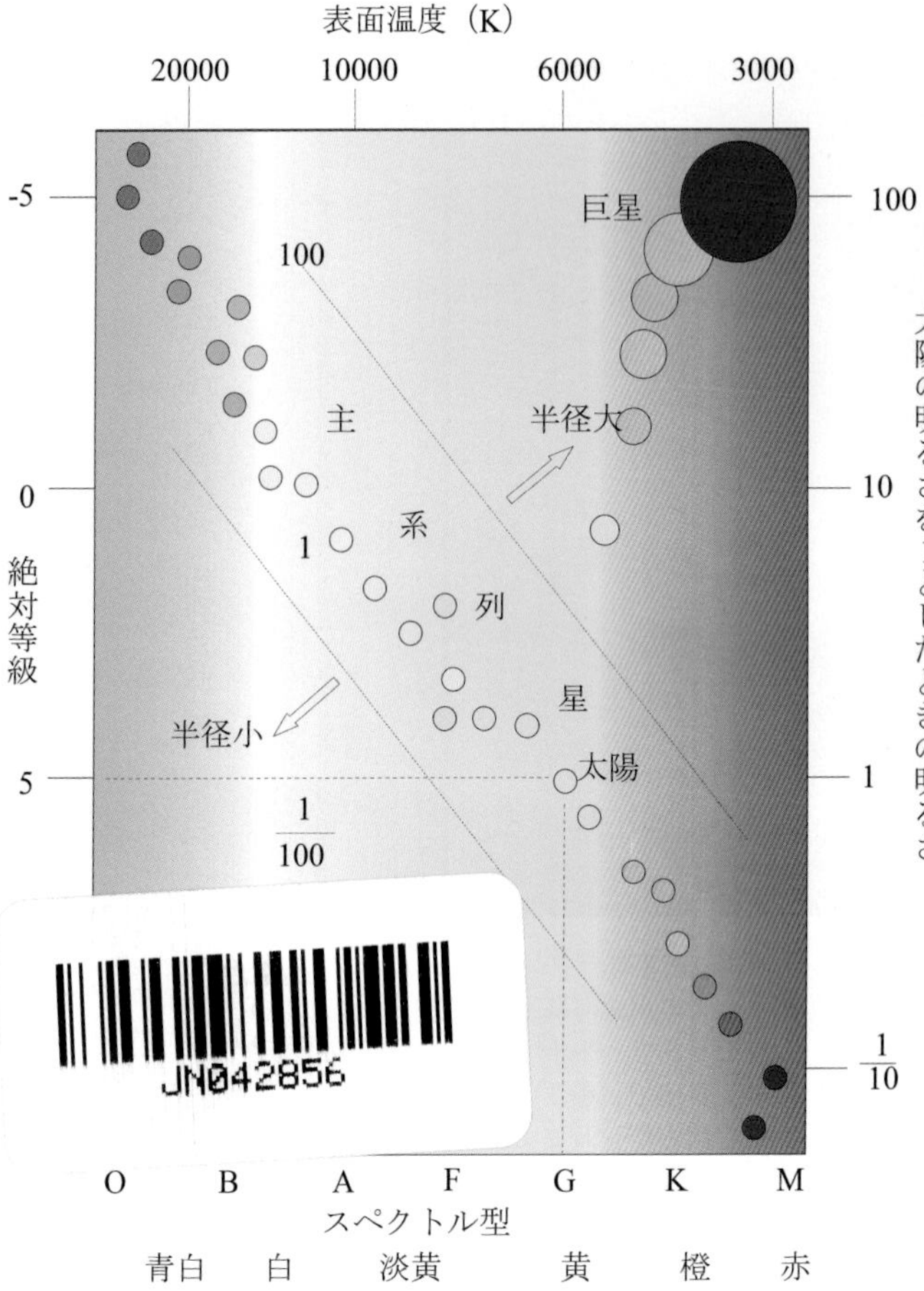

口絵 1　HR 図（著者作成）

縦軸に恒星の明るさ（光度、絶対等級など）をとり、横軸に恒星のスペクトル型（表面温度）をとったグラフに、恒星をプロットしたものを HR 図といいます。この図の左上から右下に並ぶ恒星に対して、右上の恒星は巨大であること、左下の恒星は小さいこともわかります。恒星の性質や進化の研究に欠かせない図です。詳しくは恒星の性質と進化を示す HR 図の項を参照。

口絵２　天の川（南半球パタゴニア。エルチャルテンで著者撮影）

太陽が属する天の川銀河は地球からは天の川として見えます。大マゼラン銀河（大マゼラン雲）や小マゼラン銀河（小マゼラン雲）は天の川銀河の外の恒星の大集団で、小さいながらも銀河です。この二つの銀河は天の川銀河の周りを回る伴銀河です。星団と銀河、そして宇宙の構造の項を参照。

なぜ地球は人間が住める星になったのか?

山賀 進 Yamaga Susumu

★――ちくまプリマー新書
396

目次 ＊ Contents

イラスト　たむらかずみ
図版トレース　朝日インターナショナル株式会社

まえがき

どうして我々人類はここ地球にいるのだろう。宇宙に生物は地球にしかいないのだろうか。我々は広大な宇宙の中での孤独な存在なのだろうか。そもそも生物って何だろう。生物がいる地球（太陽系）がその中に存在する宇宙って何だろう。こうした素朴で、また根源的な問い、「我々は何者か」という問いは誰もが持つものだと思います。

この本では、生物って何だろうと考えることから始めます。そもそもこの問いが難しい。そこでここでは生物（生命）の定義をするのではなく、地球上の生物の特徴を挙げ、その「地球型生物」がどうして地球に誕生したのかを見ていくことにします。

まず駆け足で、138億年前から始まった宇宙―太陽系の歴史をたどり、宇宙の始まりから物質の起源、恒星の進化を追っていきます。そこで太陽がごく平均的な恒星であること、宇宙には太陽に似た恒星はたくさんあるだろうということを明らかにしていきます。

次に地球の歴史です。なぜ地球は「地球型生物」が存在できる環境、液体の水（海）があり、大気もある惑星になったかです。ただ、現在でも生物の起源はまだ謎のままです。でも、生命誕生後の生物の進化はかなり明らかになっています。そしてその生物は、何回も地球を襲った大激変の時代を生き延びたばかりか、地球そのものも変えて、さらに自分たちが変えた環境に適応してきました。地球と生物は共進化してきたのです。

長い年月をかけて、地球—生物は安定でシームレスなシステムを作ってきました。地球の安定したシステムとは何かは、少し丁寧に見ていくことにします。

地球は「地球型生物」にとって、非常に都合がいい天体です。「地球型生物」は地球の環境に適応してきたのだから、これは当たり前なのかもしれません。でも、「地球型生物」に都合がいい環境の惑星も宇宙にはたくさんあるはずです。それなら、進化した知的宇宙人もいるかもしれない、彼らと出会えるかどうかについて最後に考察します。

この本ではこうした話の筋を追うばかりではなく、そう考えられている理由や根拠、考え方なども、一般の人にもわかるように簡単に、それでもできるだけ詳しく書くようにしました。

なお、縦組みという本の制約から、科学の世界では重要な〝単位〟の扱いが、標準であるＳＩ単位系に完全には準拠し切れていないことをはじめにお断りしておきます。

また本文には、古生代とか白亜紀などといった地質年代区分の名称が出てきます。巻末の地質年代表を参照してください。

第一章　生命って何だろう

基本単位は細胞

生命とは何かを定義することは、生命そのものを研究するよりも難しいといわれています。なんとなくわかるけど、いざ突き詰めてみると何が生命かわかりません。生物（生き物）という言葉もあります。生命は抽象的な概念で、その実体を指す場合は生物というのが一般的です。生物には生命が宿っているということになるでしょうか。以下、生命と生物はそれほど厳密には使い分けていません。

ヒト（生物学的存在の場合はこのように片仮名で書く場合が多いです）はもちろん生物です。皆さんのうちにいるペットのイヌやネコも生物です。公園の草や木々も生物です。大きなゾウやクジラも生物です。小さな虫も生物です。キノコやカビも生物です。虫眼鏡や顕微鏡を使わないと見えない小さな生物もいます。ミジンコとか大腸菌とかがそうです。これらも生物です。動物や植物はみんな生物です。大腸菌は動物でも植物でもありませんが、これら細菌（バクテリア）も生物です。

でも、石ころや金属、山や海、また人類（生物の中のあるグループ〝種〟を人類といいます、その個々の存在がヒトです）が作ったコンクリートやプラスチックなど、またそれらからできているものは生物ではありません。定義はできなくても、具体的なものをイメージすると、生物か生物ではない（非生物）かは、なんとなくわかります。

物質でいうと分子に相当する基本単位は、生物の場合は細胞です。多くの細胞が集まって、しかもそれらが互いに密接に連携し合って一つの生物になっている多細胞生物（ヒトもそうです）もいますし、一つの細胞だけで完結する単細胞生物もいます。

基本単位である細胞を考えてみます。細胞にはいくつかの種類があるのですが、ここでは単純に見てみます。また、多細胞生物の基本単位である細胞も以下の特徴を持っています。

膜があって、内側を一定な状態に保っている

細胞はまず膜があって、内側と外側がわかれています。ただ、その膜は完全に閉じら

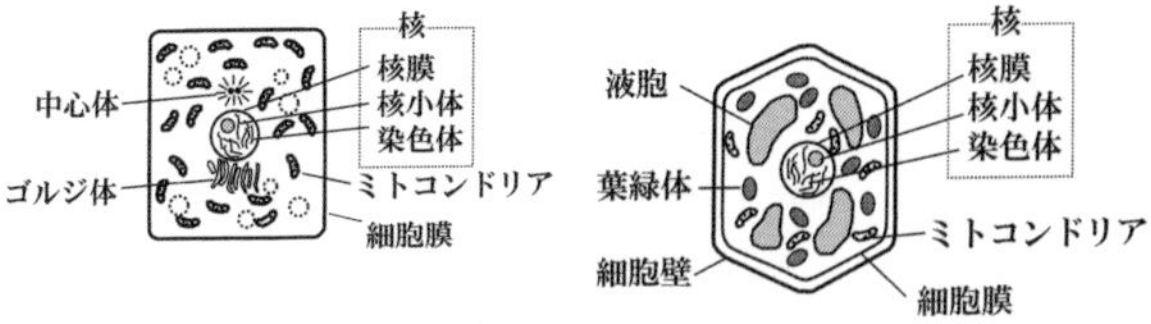

図１－１　動物の細胞（左）と植物の細胞（右）
植物の細胞には動物の細胞にはない葉緑体があります。また植物の膜は細胞膜と細胞壁の二重になっています。ミトコンドリアは酸素をエネルギーに変える器官、ゴルジ体はタンパク質を蓄える器官です。

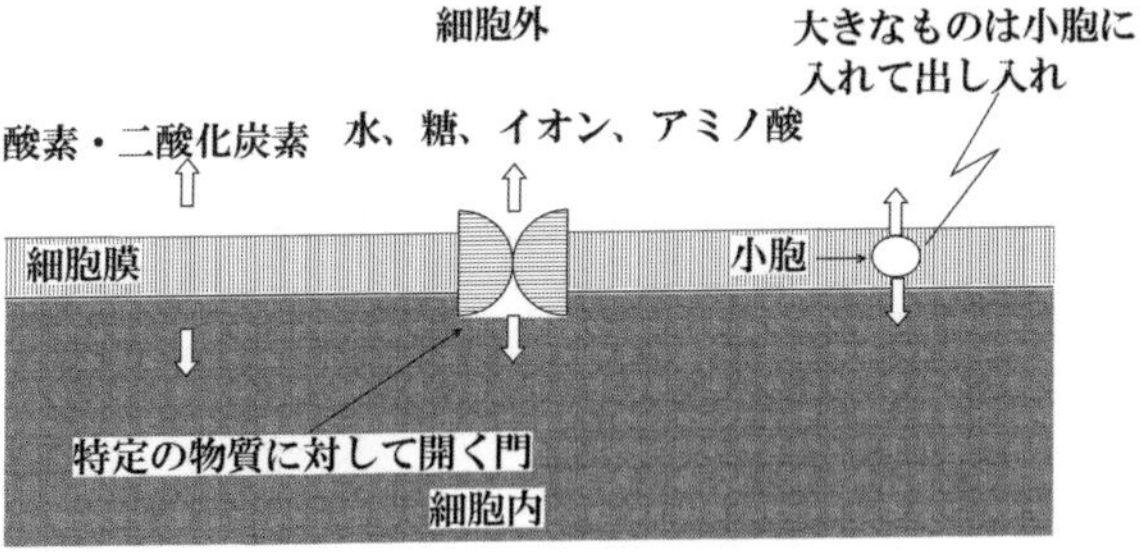

図１－２　細胞膜のはたらき

れたものではなく、外から必要な物質（固体・液体・気体の場合があります）を取り入れることも、不要になったものを外に出すこともできるという優れた機能を持っています。出し入れする物質を選別できるのです。そして、その膜の中の状態はほぼ一定に保たれています。こうした機能を代謝といいます。物資が出入りしながらも膜の中は一定な状態に保たれている、このような状態を平衡といいます。細胞は代謝によって、膜の中の平衡を維持しているのです。

膜（これも有機物です）の中は有機物ばかりではなく、水が存在しています。この水の中にいろいろなものが溶け込んでいます。生命現象はこの水に溶けた物質同士が反応する化学反応です。栄養物を分解・吸収したり、有機物を合成したりするときに水は欠かせません。だから、生物にとっては水は絶対に必要なものなのです。

生物は増殖する

もう一つ、生物の大きな特徴として増殖するということが挙げられます。つまり個体は死ぬけれど、子孫を残すということです。親と同じ子を作るための情報を保持してい

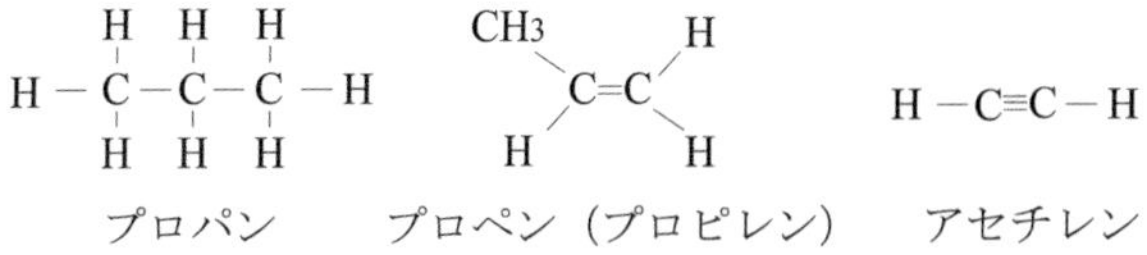

図１－３　脂肪族の有機物

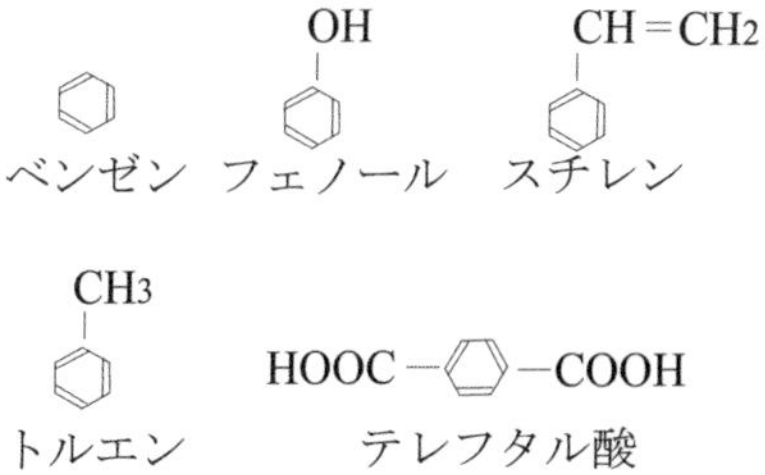

図１－４　芳香族の有機物

る物質がＤＮＡ（デオキシリボ核酸）であり、この情報を読み取ったり、その情報を伝えてタンパク質を作る役目を持っているのがＲＮＡ（リボ核酸）です。地球上の生物はすべて、ＤＮＡやＲＮＡを使って、同じ子孫を作っています。

さらにもう一つ、生物の体は炭素をメインとした高分子でできています。炭素を骨格として作られた分子を有機物といいます。生物の体は有機物からできているのです。

有機物には炭素が鎖状（枝分かれするものもあります）に繋《つな》がっているものがあり、これらの有機物は脂肪族と呼ばれています。生物の体は脂肪族の有機物から作られています。具体的にはタンパク質、脂肪、炭水化物です。

有機物にはもう一つ、炭素が6個で正六角形を作り、これを骨格とするものもあります。この六角形をベンゼン環（いわゆるカメの子です）といい、こうしたものからできている有機物を芳香族といいます。その名の通り、芳香族の有機物は人（漢字で書く〝人〟は社会的な存在の場合が多いです）によってはいい匂い（病みつきになる匂い）と感じる場合もあります。しかし、基本的に生物にとっては有害なので殺虫剤として使われるものもあります。有機物といっても、芳香族は生物の体の材料には使われないものです。

化学反応が生命のエネルギーということは、恒星のエネルギー源である核反応ではないということです。化学反応のエネルギーは、原子の一番外側を回っている電子のやりとりのさいに生ずるエネルギーです。核反応のエネルギーは、原子の中心の原子核が分裂したり融合するときに生ずるエネルギーで、化学反応のエネルギーとは比較にならない大きなエネルギーを出します。生物は化学反応で生きています。

地球の表面に住んでいる

地球上の生物のもう一つの特徴は、地球（惑星）の表面に住んでいるということです。もちろん水中深くにもいますし、最近では地中の奥深くにもたくさんの生物がいることがわかってきています。しかし、多くの生物は太陽の光が届く範囲にいます。これは、植物が行う光合成（これも化学反応です）によって作られる有機物が、植物自身ばかりではなく、他の多くの生物の栄養（動物にとっては食べ物）になっていて、体の材料とエネルギー源になっているからです。つまり、植物の光合成が、地球の多くの生物の命を支えています。

光合成は、水と二酸化炭素を原料として使い、太陽の光エネルギーを利用して有機物を合成するという反応です。太陽（恒星）の光エネルギーを利用するためには、恒星の周りを回る惑星の表面でなければなりません。

光合成は簡単に、$6H_2O + 6CO_2$ + 太陽の光エネルギー → $C_6H_{12}O_6 + 6O_2$ という化学式で表現できます。水と二酸化炭素から太陽の光エネルギーを使って糖と酸素を作るという反応です。これを逆向きに行うのが呼吸です。$C_6H_{12}O_6 + 6O_2 \rightarrow 6H_2O + 6CO_2$ + エネルギー、つまり酸素を使って糖を〝燃やして〟エネルギーを得ているのです。そのときに水と二酸化炭素が出ます。動物なら汗や尿、また呼吸の排気（吐く息）としてそれらを排出しています。このように生物は化学反応を使って生きています。

太陽エネルギーから独立した生物群（生態系）もいます。硫黄化合物と地熱（熱水）のエネルギーで有機物を合成できる生物（バクテリアやアーキア〈古細菌〉といわれるグループの一部）です。水は必要ですが、太陽エネルギーは必要としません。この生物が作る有機物を栄養として生きている動物群もいます。

生物は進化する

さらに、生物は進化するという特徴を持っていることを強調する人もいます。生物が増殖してもまったく同じコピーができるのではなく、少し違ったものができることがあります。つまり、コピーエラーが必然という立場です。その中でたまたま、その場の環境に適さないものは子孫を残せず、その環境に適したものが子孫を残し、こうしてさまざまな環境に応じて生き残るものが選択されていき（自然選択）、またその過程で生物の多様性が生ずるというものです。そしてこれが生物の大きな特徴だというわけです。

こうして、地球上の生物の特徴を列挙してきました。まとめると、（1）膜があって内側と外側をわけている、（2）その内側の状態を一定に保っている（代謝）、（3）増殖する（個体は死ぬが子孫を残す）、（4）有機物（脂肪族）を体の材料としている、（5）化学反応を使って生存している、（6）その化学反応の場として液体の水を必要としている、（7）地球（惑星）の表面に住み、太陽（恒星）の光エネルギーを基礎とした生態系を作っている、（8）進化して多様な形態を生ずる、ということになるでしょうか。
（1）〜（3）だけを生命の条件とする人も多いです。
ここで難しいのが、私たちはまだ地球以外の生物を知らないということです。つまり、生物という存在を客観的に見ることができないのです。惑星という存在も、地球以外の太陽系の他の惑星と比較することによって、地球の特徴が浮き彫りになってきます。さらに最近では、太陽系の姿とまったく異なる惑星系（系外惑星）も次々に発見されています。こうした発見により、太陽系の惑星のあり方も客観的に見られるようになってきました。ところが、地球以外での生物はまだ発見されていないので、地球上の生物のあり方がふつうなのか、特殊なのかを評価できないのです。

もしかすると（1）～（8）ではない生物もいるかもしれません。例えば、恒星のエネルギーは期待しないで惑星内部から出てくる地熱を利用するとか（これなら地球にもいます）、恒星のエネルギーは利用するが光ではなく紫外線・X線を利用するとか、炭素以外でできる高分子を体の材料にするとか、水以外の液体（土星の衛星タイタンにはメタンの海があります）を使っているものとか、さらにもしかすると核反応を生存のエネルギーとするなどです。でも、これらはあまりにも想像を絶していて、生物として認識するのは難しい場合も多いと思います。だから、とりあえずは生物として認識しやすい、（1）～（8）のような特徴を持つものを地球型生物と呼ぶことにして、以下この本では地球型生物を考えていくことにします。

地球型生物が住んでいる地球は、太陽という恒星の周りを回っている惑星の中の一つです。その太陽は、天の川銀河（銀河系）という恒星の大集団の一員です。そして宇宙には天の川銀河のような恒星の大集団である銀河がたくさん存在しています。この本では、その生命の舞台となる宇宙の始まり、太陽はどのような恒星か、太陽系と地球の形成、そして地球の変化、最後に生命の発生と進化を見ていこうと思います。

ウイルスは生物か？

ここまで、避けてきましたが、ウイルスという存在があります。膜（殻）で囲まれて、内側と外側にわかれています。そして、その内側はDNAかRNAだけというシンプルなものです。代謝は行っていません。でも、生物の細胞の中に入ると、自分のDNA（RNA）を使って、その細胞に自分のコピーを作らせることができるのです。つまり増殖します。さっきの条件（1）～（3）のなかで、（2）の代謝という条件がかけています。

（2）の条件がかけているので生物とはいえないという考えの学者が多数派なので、高校の生物の教科書では、ウイルスは生物ではないということにしています。でも、一部の学者は（1）（3）の条件を満たしているので、ウイルスを生物としています。自然界に存在しているものを単純な二分法でわけること、この場合は生物か非生物かわけることと自体が難しいのだと思います。だから、ウイルスが生物か非生物かは、それぞれの立場の違い、つまりいってしまえば生物（生命）の定義の違いということになるのです。やはり万人が納得する生物（生命）の定義は難しいと思います。

第二章　宇宙の始まりビッグバン

1　宇宙はどこから始まったか

ビッグバン

宇宙の始まりは、いまから１３８億年くらい前に起きたビッグバン（Big Bang）といわれています。ビッグバンは大爆発という意味です。爆発というとガス爆発や火薬の爆発、あるいは核爆発を思い浮かべる人も多いと思います。でも、それらとまったく違うものです。なにしろイメージすることも難しい何もないところの一点から突然に宇宙が始まったのです。爆発音も衝撃波もない、突然の宇宙の誕生とそれに続く膨張です。現在では、時間と空間は一体のものだと考えられています。ビッグバンによって〝空間〟ばかりか〝時間〟も始まったのです。空間と時間を併せて宇宙です。

ビッグバン以前には何があったのかという質問がよくありますが、ビッグバンによってこの空間と時間が始まったので、それ以前は空間がなかったように時間もなかったというしかありません。少なくともビッグバン〝以前〟があったとしても、今のわれわれの宇宙とは何も関係がないということです。

もっとも、空間と時間は一体のものだといっても性質は少し違います。われわれが認識できる3次元空間内は原理的には自由に移動できますが、時間はそれができません。一方向に流れていて、われわれはそれに従うしかありません。自由に過去や未来を行き来できないのです。

ただ、今の宇宙は人類の存在にとって都合がよすぎるという学者もいます。万有引力（重力）や電磁力の強さ、あるいは原子核内部だけで働いている力（弱い力、強い力という2種類があります）などのさまざまな力や、さらに光の速さまで都合がよすぎるというのです。これらの値が少しでも違っていたら、銀河も恒星もそして地球も、それどころか物質そのものさえできなかったかもしれません。

でもこれは逆で、まさにそのような宇宙だったからこそわれわれ人類が存在できたのかもしれません。もしかするとわれわれわれの宇宙以外にたくさんの宇宙が存在するかもしれないがその中の一つがわれわれの存在に都合がいい宇宙だった、だから人類の登場は必然だったという〝人間原理〟という立場の学者もいます。その立場に立てば、万有引力などのさまざまな力の強さ、光の速さ、そしてこの時間の一方向の流れ、これらはわれわれの宇宙の性質だというしかありません。

いずれにせよ、われわれの宇宙はビッグバンの後、急激な膨張を始めます。こうしたビッグバン・モデルを提唱したのは1948年、アメリカのG・ガモフ（ロシア→アメリカ、1904〜68）でした。じつはビッグバンという言葉そのものは、彼の説に反対したイギリスの天文学者であり小説家でもあるF・ホイル（1915〜2001）が、ガモフとその仲間たちをからかって彼の説をビッグバンといったのですが、ガモフは逆にこの言葉を気に入って、自分でもビッグバンといい出したそうです。

宇宙がビッグバンから始まったことはほぼ確実です。そしてその前に、急激で加速的な膨張（インフレーション膨張）があったという学者もいます。でも、なぜビッグバンが起きたのかとか、インレーション膨張が本当にあったのかとか、あったとすればなぜ起きたのかとかなどはまだわかっていません。

ともかくこの宇宙はビッグバンから始まって、いまでも膨張を続けています。そして、宇宙が誕生してから100分の1秒後は、大量の光子（フォトン）・ニュートリノや電子などや少量の陽子、中性子などの素粒子ができて、それらがごったまぜになっていました。さらにビッグバンから100秒の間に、宇宙がもっと膨張して冷えていくと（気体が膨張すると冷えるように、宇宙も膨張すると冷えます、断熱膨張といいます）、水素やヘリウムの原子核ができてきます。このころの宇宙は水素の原子核（陽子1個）やヘリウムの原子核（陽子2個＋中性子2個がくっついたもの）、さらにごくわずかなリチウムの原子核（陽子3個＋中性子3個か4個）、それと電子がばらばらに飛び回っているプラズマ状態でした。

ビッグバンから37万年たつと（27万年〜38万年と学者によって幅がありますが、ここではインターネット版天文学辞典の数値を採用しました）、宇宙は3000K《ケルビン》にまで温度が下がってきます。

すると、それまで自由に動き回っていた電子（自由電子）が、水素やヘリウムの原子核に束縛されて、自由に動けなくなるのです。つまり陽子や電子などがばらばらに飛び回っているプラズマ状態から、原子核+電子という構造をもつ水素やヘリウムの原子ができたわけです。すると、それまで自由電子に阻まれていた光がまっすぐに進めるようになります。宇宙は透明になったのです。これを日本では「宇宙の晴れ上がり」といっています。

このときにできる水素原子とヘリウム原子の質量比は、水素：ヘリウムが4：1程度（原子の数では16：1程度）でした。これ以外の原子はほとんどできません。だからこのときにできた水素とヘリウムが物質のもととなり、最初の恒星ができていくことになります。素粒子（クォークや原子・分子）や物資の起源については後（40ページ）で再び登場します。

【絶対温度】
K《ケルビン》は絶対温度の単位で0K＝マイナス273℃、273K＝0℃です。なお絶対温度の単位の〝K〟は大文字で、km、kgなど1000倍を表す〝k《キロ》〟は小文字です。道路標識などでは、距離の記号を間違ってKmやKMとしているときがあります。

宇宙は膨張している

1927年にベルギーのG・ルメートル（1894～1966）が、そして1929年にアメリカのE・ハッブル（1889～1953）が互いに独立に、遠い銀河ほど速くわれわれから遠ざかっていることを発見しました。なお、銀河とは恒星の大集団のことです。また、恒星は自分自身で光り輝く星です。

ここで注意しなくてはならないのは、遠い銀河のすべてがわれわれから遠ざかっていても、それは別にわれわれが「宇宙の中心」にいるということではありません。よくいわれるたとえは、われわれの宇宙が2次元の風船の表面で、銀河はその表面の模様だとするものです。すると、風船を膨らませると、どの模様から見ても別の模様は遠くにあるものほど速く遠ざかるように見えます。われわれの宇宙は3次元的な広がりがあるのでイメージしにくいのですが、原理は同じです。こうした宇宙には特別な場所がないという考えを宇宙原理といいます。

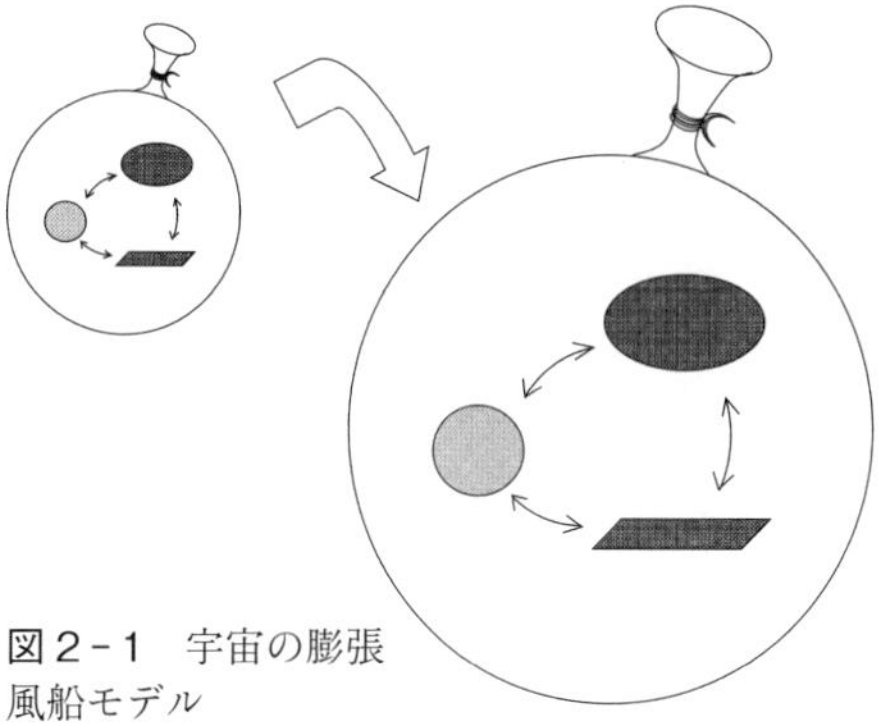

図２－１　宇宙の膨張
風船モデル

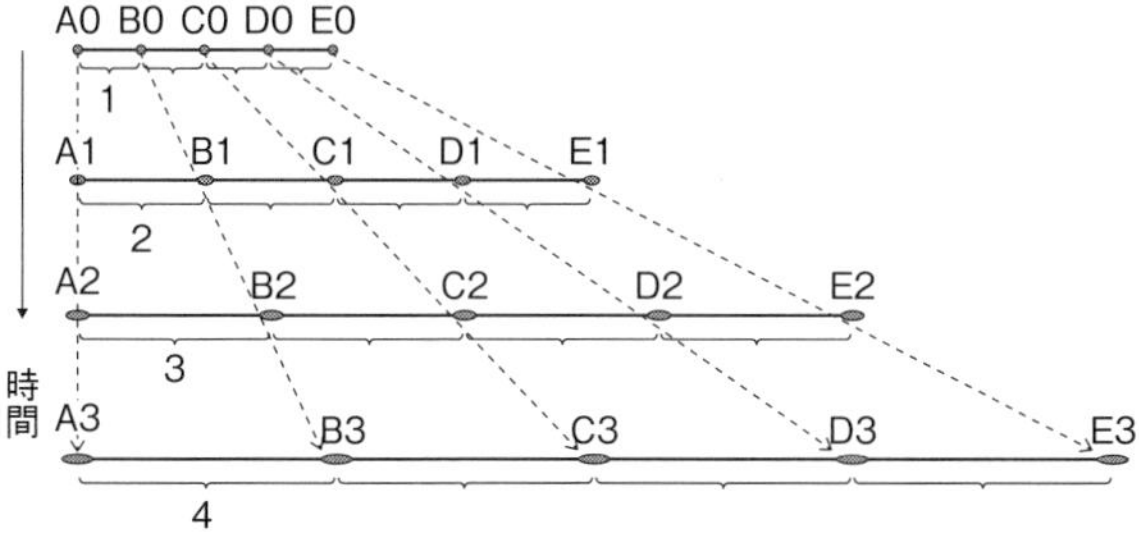

図２－２　宇宙の膨張により、後退速度が距離に比例するという1次元モデル
1次元の宇宙を考え、そこにA～Eまでの天体が等間隔で存在しているとします。A0～E0の間の距離を1として、宇宙が膨張すると、各天体間の距離も広がります。全体が2倍、3倍、4倍となると、AからBまでの距離は2倍、3倍、4倍となります。AとCの距離は4倍，6倍、8倍となっています。つまり、Aから見ると、CはBが遠ざかる速さの2倍の速さで遠ざかっています。これをD、Eで考えると、Aから遠ざかる速さは、3倍、4倍になることがわかります。後退速度が距離に比例するということになります。また、Bを中心としても、A、C、D、Eは同じく距離に比例した速さで遠ざかります。中心をC、D、Eにしても同じです。宇宙の膨張に“中心”がない、宇宙が一様に膨張すると、どこから見ても自分からの距離に比例した速さで遠ざかることがわかります。

ルメートルやハッブルはさらに、遠い銀河が遠ざかる速さ（後退速度）は、われわれからの距離に比例するという簡単な法則に従っているということも見つけました。つまり、宇宙は一様に広がっているのです。これをハッブル・ルメートルの法則といいます。この関係を式に書くと次のようになります。

$v=Hr$　v：後退速度　r：われわれからの距離　H：ハッブル定数

当時すでに、銀河の平均的な絶対等級（光度、天体そのものの明るさ、第三章参照）がマイナス21等であるという観測結果が出ていました。絶対等級がわかれば、見かけの等級と比較することによって、銀河までの距離を求めることができます（79ページ）。なお現在では、遠い天体までの距離を測る方法は、銀河の絶対等級を使う以外にもいろいろとあります。これらは第三章で説明します。

銀河の後退速度は、ドップラー効果で求められます。ドップラー効果は、遠ざかる救急車の音が、止まっているときよりも低く聞こえるという現象と同じで、われわれから遠ざかる天体が出す光の波長が長くなる（赤っぽくなる）という現象です。そして、本来の波長とのずれの量が後退速度に比例するのです（後退速度が光速に近づくと簡単な比

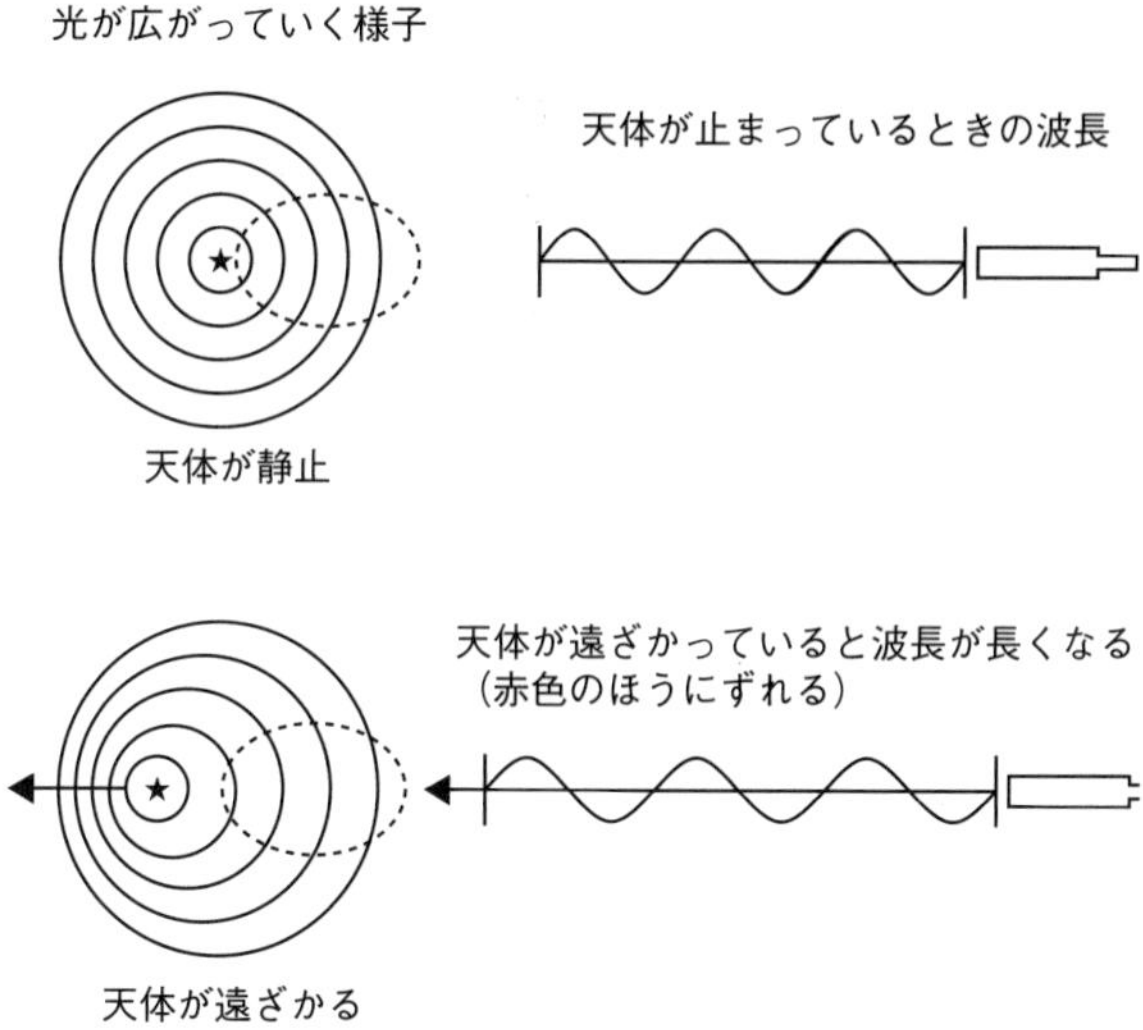

図２-３　光のドップラー効果

例関係ではなくなります）。ですから、そのずれの量を測定すれば後退速度がわかります。

いま仮に、ハッブルの定数を１００万光年につき20km/sとします。すると、われわれから１００万光年彼方の銀河は20km/sの速さで遠ざかることになります。２００万光年彼方の銀河は2倍の40km/s、さらに、１０００万光年彼方の銀河は10倍の２００km/s、1億光年彼方の銀河は２０００km/s（2×10^{3} km/s）、１００億光年彼方では20万km/s（2×10^{5} km/s）の速さで遠ざかっていきます。そしてその１・５倍の距離である１５０億光年彼方の銀河は、われわれから30万km/s（3×10^{5} km/s）の速さで遠ざかることになります。秒速30万kmは光の速さ（光速）そのものです。

時間を逆転して考えると、１５０億光年彼方から銀河が光の速さで近づいてくるのだから、１５０億年前には宇宙全体がわれわれのところ、つまり1点に集まってしまいます。

別な場所でもみてみましょう。例えば1億光年彼方までの距離は、1光年が９・４７$\times10^{12}$ kmだからその1億（10^{8}）倍の９・４７$\times10^{20}$ kmです。そこが2×10^{3} km/sで遠ざかっているのだから、逆に時間を逆転して、その速さで近づくとすると、（9.47×10^{20} km）÷$2\times$

10^3km/s＝4.74×10^{17}秒（1年＝3・16×10^7秒なので約150億年）かかります。100万光年（1光年9・47×10^{12}kmの10^6倍）の距離では、同じように（9.47×10^{18}km）÷20km/s＝4.74×10^{17}秒（150億年）となります。

　この計算に使ったハッブル定数100万光年につき20km/sを使えば、宇宙の年齢は150億年ということになります。

　このようにハッブル定数は、宇宙の年齢を決める重要な数値です。しかし現在でも、遠い天体ほど距離の測定が難しいので、距離はある幅（誤差）を持った値しか出せません。最近ではハッブルの定数は、ここで使った100万光年につき20km/sというよりも少し大きい21・6〜22・5km/sとされています。これを使うと、宇宙の年齢は139億年〜133億年になります。そして現在は、宇宙の年齢は138億年という値がよく使われています。

　なぜか理由はわかりませんが、この宇宙は光速（正確には真空中の光速、秒速30万km）より速いものはないという宇宙なのです。光（電磁波）ばかりか、万有引力も光速で伝わりそれ以上ではありません。

つまり、138億光年よりも遠いところからは、光、電波、万有引力などいっさいの情報は永久にわれわれのところには届かないのです。もしそれ以上の所に何かがあっても、われわれにはまったく影響を及ぼさない（関係がない）ということになります。そこで、この宇宙が光速で後退する距離を「宇宙の果て」とか、「宇宙の地平線」といったりします。

宇宙の年齢が138億年ということになれば、宇宙の果てまでの距離も138億光年ということになります。つまり138億年という数値を出したハッブル定数は、宇宙の年齢ばかりか宇宙の広がりを求めるときのとても重要な値なのです。ですから、現在でもさまざまな方法を使って、より正確なハッブルの定数の値を求める努力が続けられています。

さて、ではビッグバンの証拠はあるのでしょうか。じつはこれは見つかっています。きっかけは偶然でした。1965年のアメリカで、高性能のアンテナの調整をしていたA・ペンジアス（1933〜）とR・ウィルソン（1936〜）の2人は、どうしても取り除けない雑音が入ることに悩んでいました。しかもその雑音の元となる電波は、宇宙のあらゆる方向からほとんど同じようにやってくることに気がつきました。じつはこれがビッグバンの名残りだったのです。

この電波は、初めの超高温だった火の玉宇宙を満たしていた光が、宇宙が現在の大きさまで膨張して冷えたために（断熱膨張したために）、波長が間延びして電波になったものです。物体は表面温度によって決まる波長の電磁波（光～電波）を出し、温度が高いほどより短い波長の光、温度が低いほどより波長の長い電波を出します。ベンジアスたちが見つけた波長の電波は、3K（マイナス270℃）の物体が放射するものに相当します。つまり、3000Kという高温の火の玉だった宇宙が膨張した結果冷えて、現在の約3Kの温度にまで下がっているということ、逆にいえば、過去の宇宙は小さな高温の火の玉だったということを示しているのです。これは1948年にガモフが理論的に予言していたことで、その予言通りの観測になったのです。こうした証拠が挙がってきたため、それまでのビッグバンと宇宙の膨張に反対していた人たちも、これを受け入れるようになりました。ベンジアスとウィルソンはこの業績を評価されて、1978年にノーベル物理学賞を受賞しています。またこの電波を宇宙マイクロ波背景放射（3K

放射）といいます。

最近、この宇宙の膨張が加速しているという観測結果が出てきました。これまでは、宇宙にはその中の物質の質量による引力のため、膨張しているといってもその膨張はだんだん減速しているだろうと思われていたのです。ところがどうもそうではないらしいことがわかってきました。この宇宙の膨張の加速には正体不明のダークエネルギーが関係しているらしいともいわれていますが、よくわかっていません。

じつはこの宇宙全体でわれわれが見慣れている通常の物質はわずか5％程度しかないこともわかってきています。残りの23％程度が質量はあるが（だから万有引力を生ずる）、まったく光も電波も出さないので観測できないダークマター、そして残りの72％がダークエネルギーだといわれています。この〝ダーク〟は黒いという意味ではなく正体不明という意味です。まだ、これらの正体の手がかりすらつかめていないというのが現状です。宇宙は謎だらけなのです。

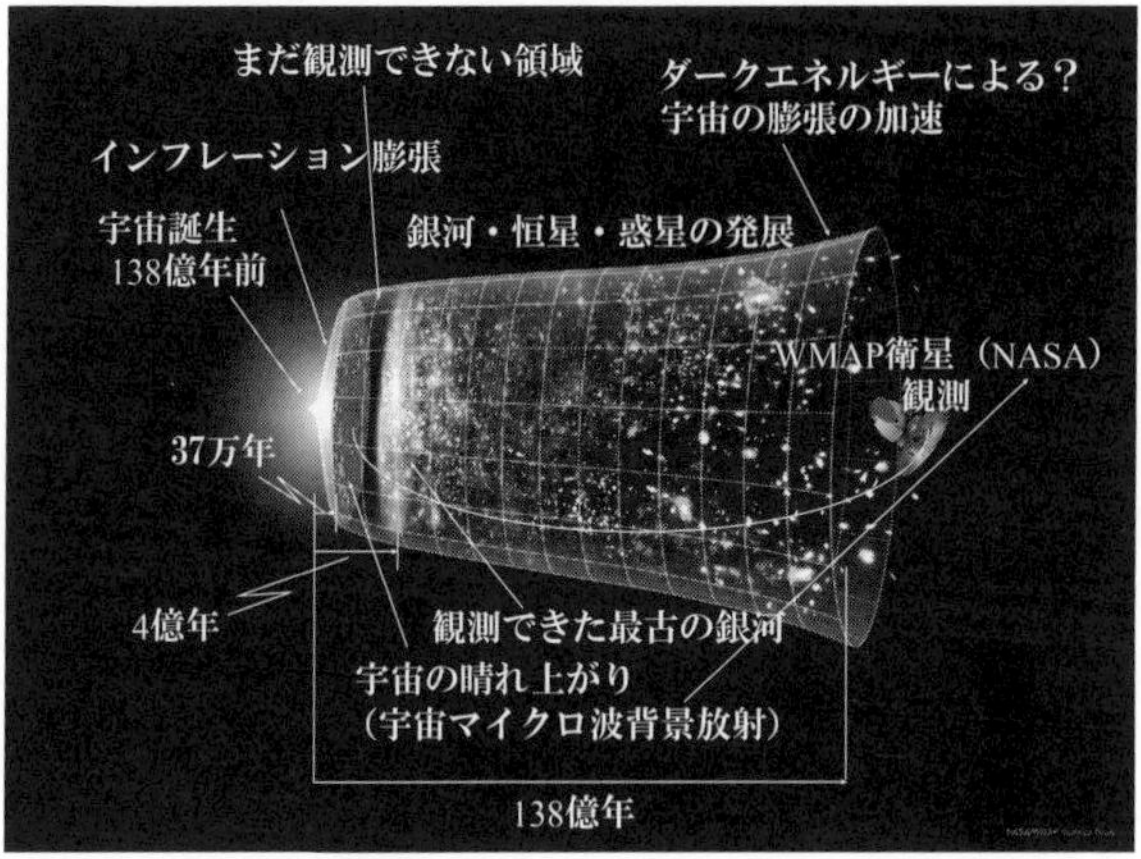

図２-４　宇宙の膨張の歴史
（NASA の原図に筆者が説明を加筆）
https://map.gsfc.nasa.gov/media/060915/

2　宇宙はどんな物質でできているか

素粒子から水素、ヘリウムへ

ここでは物質に注目して、その起源を探ってみます。

〝もの（物質）〟をどんどん細かくわけていったとき、その〝もの〟の性質を示す最小の粒が分子です。しかし、〝もの〟によってはさらに細かくわけることもできます。それが原子です。たとえば水の一つの分子は、２つの水素原子と、一つの酸素原子にわけることができます。

原子は構造をもっています。中心の原子核と、その周りを回っている（雲のように取り巻いている）電子です。原子核は、水素をのぞけば、複数の陽子と中性子からなっています。ふつうの水素原子の原子核だけは、陽子一つからなっている一番単純で、一番質量が小さい原子です。

陽子と中性子の質量ほとんど同じです。一方電子の質量は、陽子の質量の約１８３６

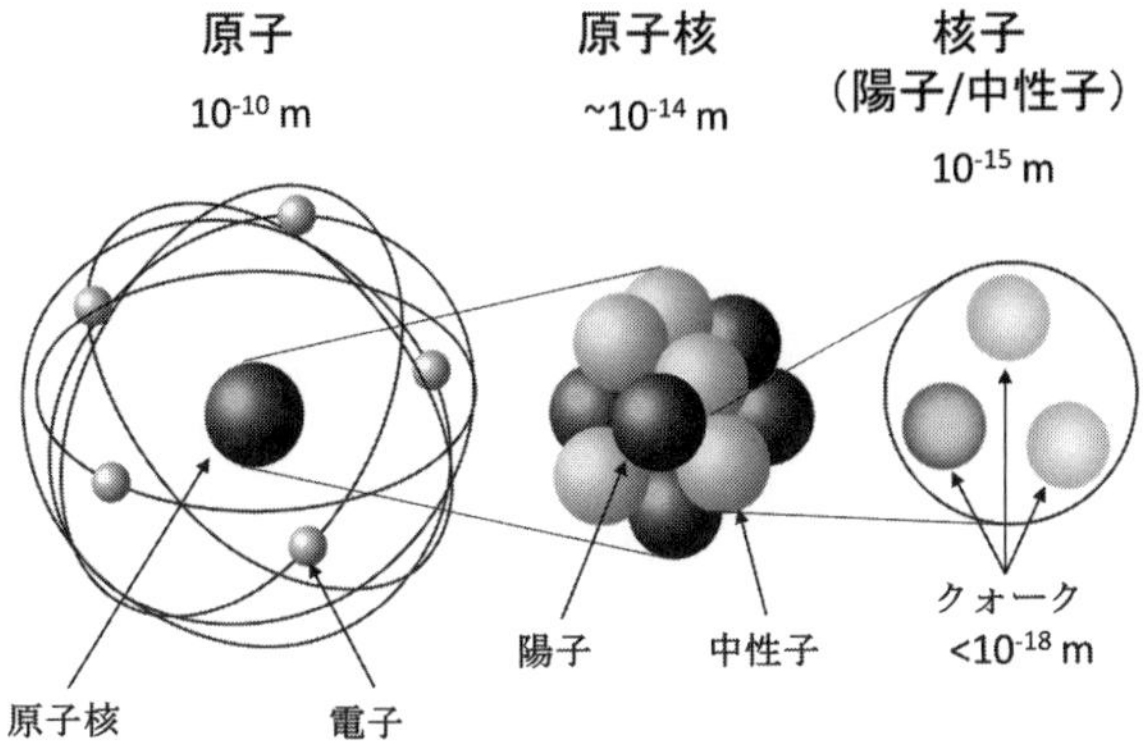

図2－5　物質からクォークまで（天文学事典 https://astro-dic.jp/quark/ より）
固体、液体、気体などさまざまな状態で存在する物質は、原子あるいは分子（2つ以上の原子の集まり）から構成される。

分の1しかありません。だから、原子の質量はほぼ陽子の質量＋中性子の質量で決まると考えていいのです。そして、水素原子1つの質量は、1兆（10^{12}）の1兆倍集めて、やっと1・7gになるという小さなものです。

　ふつうの水をつくる水素原子は、原子核に陽子1個、その周りを電子1個が回っているというものです。水を作るもう1つの原子、酸素はもう少し複雑です。酸素原子の多くは、原子核に陽子8個、中性子も8個、そして電子は陽子と同じ数の8個です。ある原子の電子の数は陽子の数と同じになります。

原子の中は空っぽな空間です。酸素の原子核の大きさは、酸素原子の大きさの1万分の1で、その大きさは100兆分の1mしかありません。陽子や中性子はさらにその10分の1の1000兆分の1mです。いま、原子核の大きさを1cm（1円玉の半分の大きさ）とすると、陽子や中性子はその中につまった1mmほどの大きさになります。一方原子全体の大きさは100mほどになります。野球のピッチャープレート付近に1cmくらいの大きさの原子核を置いたとき、原子の大きさは野球場全体よりも大きくなってしまいます。いかに原子が空疎なものかがわかります。

また、原子核を1cmの大きさとすると、1cmの大きさのものは10^{12}m（1兆m、10億km）にもなります。太陽と地球の距離は約1・5×10^{11}m（1・5億km）です。原子核が1cmだと、1cmは木星の軌道（太陽—木星は7・8×10^{11}m＝7・8億km）も超えてしまいます。いかに原子が小さいのかもわかります。

では、陽子、中性子、電子が物質の最小単位なのでしょうか。現在では、陽子や中性子は物質を作る最小単位である素粒子ではなく、もっと小さな粒子からなっていることがわかっています。この粒子をクォークといいます。大きさは陽子などのさらに

1000分の1で、その大きさは10^{-18}m（1兆分の1のさらに100万分の1m）程度と考えられています。現在ではクォークは6種類あり、これらがいくつかくっついて陽子や中性子を作っていると考えられています。このクォークの存在はほぼ確実ですが、陽子や中性子を分解して、それからクォークを取り出すことはまだできていません。

一方電子や光子（光は粒の性質も持っています）、さらにニュートリノなどは、レプトンというグループになります。ニュートリノは電荷を持たず、質量もごくごく小さい素粒子です。光子は質量すらありません。

もしかすると、これら素粒子はもっと小さいものが組み合わさってできているかもしれません。それを理論や実験で追求している科学者もいます。ただ、ここではあまり深入りしないで、この程度に止めておこうと思います。

話をビッグバン直後に戻します。ビッグバンから少したつと素粒子ができ始めます。少したつといっても10^{-11}秒（1000億分の1秒）という、ほとんど瞬間といってもいいくらいのことです。宇宙の温度はまだ10^{15}K（1000兆K）もあります。このころに存在していた素粒子は、レプトン、クォーク、グルーオン、光子などです。

さらにビッグバンから10^{-4}秒（1万分の1秒）くらいたつと、宇宙の温度は10^{12}K（1兆K）くらいになり、クォークがくっついて陽子（水素の原子核です）や中性子もできてきます。そして、ビッグバンから1分後、宇宙の温度は10^{9}K（10億K）まで下がり（！）、ヘリウム、そして少量のリチウム、ベリリウムといった質量の小さな原子の原子核も存在できるようになってきます。

ビッグバンから37万年後（27万年〜38万年後）、膨張を続ける宇宙はそのために温度は3000K程度まで下がります。すると、原子核が電子を捉えて電気的に中性な原子を作ることができるようになります。ようするに、ふつうの物質（のもと）ができるのです。量的には水素原子が最も多く、ついでヘリウムの原子です。この二つの原子がこのころの物質ということになります。自由に飛び回っていた電子が原子核に捕まって原子ができると、光は自由に飛び回ることができるようになります。これが29ページでも書いた宇宙の晴れ上がりです。

ヘリウムよりも質量が大きい原子の合成

こうしてできた水素原子やヘリウム原子は、宇宙空間にまったく均一・一様に分布しているのではありません。どこかにほんの少し密度が高い場所、どこかにはほんの少し密度が低い場所といったゆらぎができるのです。密度の高い場所はその質量による引力（万有引力）によって、周りの水素原子やヘリウム原子を集めます。そうするとますます質量が多くなって、さらに周りから水素原子やヘリウム原子を集めます。一度集まりだすと、雪だるま式に増えていくのです。こうした機構を正のフィードバックといいます。フィードバックについては第七章で詳しく説明します。

こうして巨大な水素とヘリウムのガスの塊ができていきます。これが原始銀河雲の誕生です。

原始銀河雲の中でも密度が高い場所とそうでないところができます。密度の高い場所は重力が強いのでますます周りのガス（水素やヘリウム）を集め、ガスの塊の質量は大きくなっていきます。すると、その大きくなった質量によってますます重力が強くなってさらに周りのガスを集めていきます。こうしてガスが集まっていくと、中心部は自分の重さでつぶれて、中心部の温度・圧力は次第に上昇していきます。この超高温・超高圧のために、原子は再び水素とヘリウムの原子核と電子がばらばらになってしまいます。原子核と電子がばらばらになって飛び回っている状態が、28ページでも出てきたプラズマでした。

中心部の温度が1000万Kに達すると、むき出しになった水素の原子核（プラスの電荷）が激しく衝突し、プラス同士が電気的に反発する前にくっついて、ヘリウムの原子核になる核融合反応が始まります。これが恒星の誕生です。恒星のエネルギー源は、この核融合反応のエネルギーなのです。水素の核融合反応では6×10^{14} J《ジュール》/kgのエネルギーが出ます。一方、水素が酸素と化合するとき（燃えるとき）に出る化学反応のエネルギーは10^{9} J/kgです。核融合反応では、化学反応の10万倍という莫大なエネルギーを出せるのです。なお、Jはジュールと読み、エネルギーの単位です。1cal《カロリー》=4.2J（1J=0.24 cal）となります。

核融合反応でできたヘリウムは恒星の中心部にたまり芯を作っていきます。ガスをあまり集めることができなかった、太陽程度の比較的質量の小さな恒星の中心部の核反応はここまでです。ヘリウムの芯が大きくなると、恒星は不安定になって膨張し始めます。

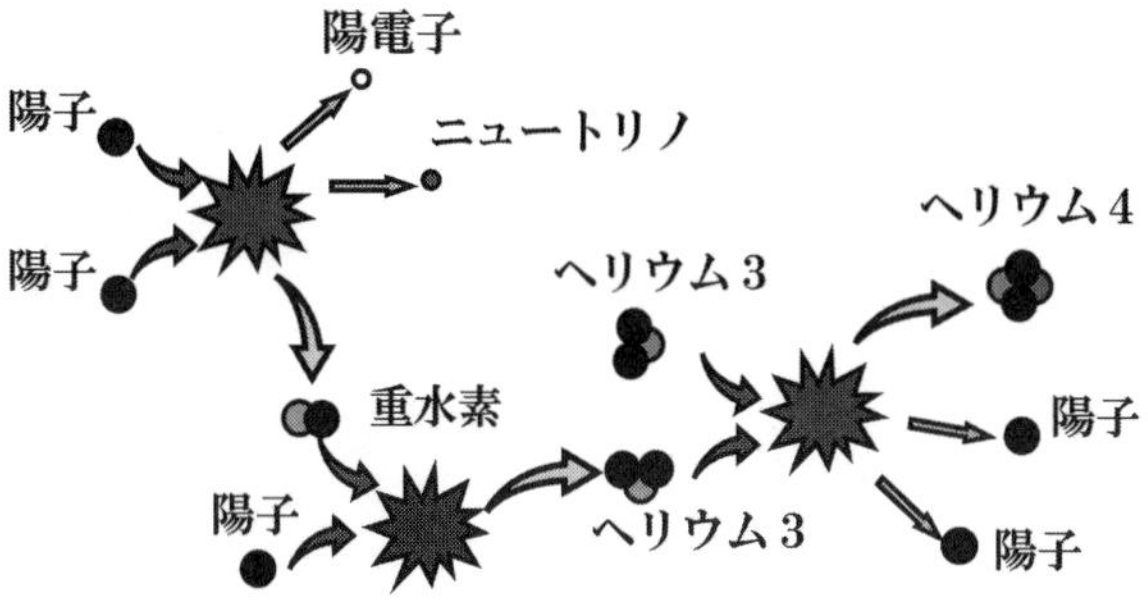

図２-６　核融合反応
途中で一時別なものになるが、水素の原子核（陽子）からヘリウム４の原子核（陽子２個、中性子２個）ができる。

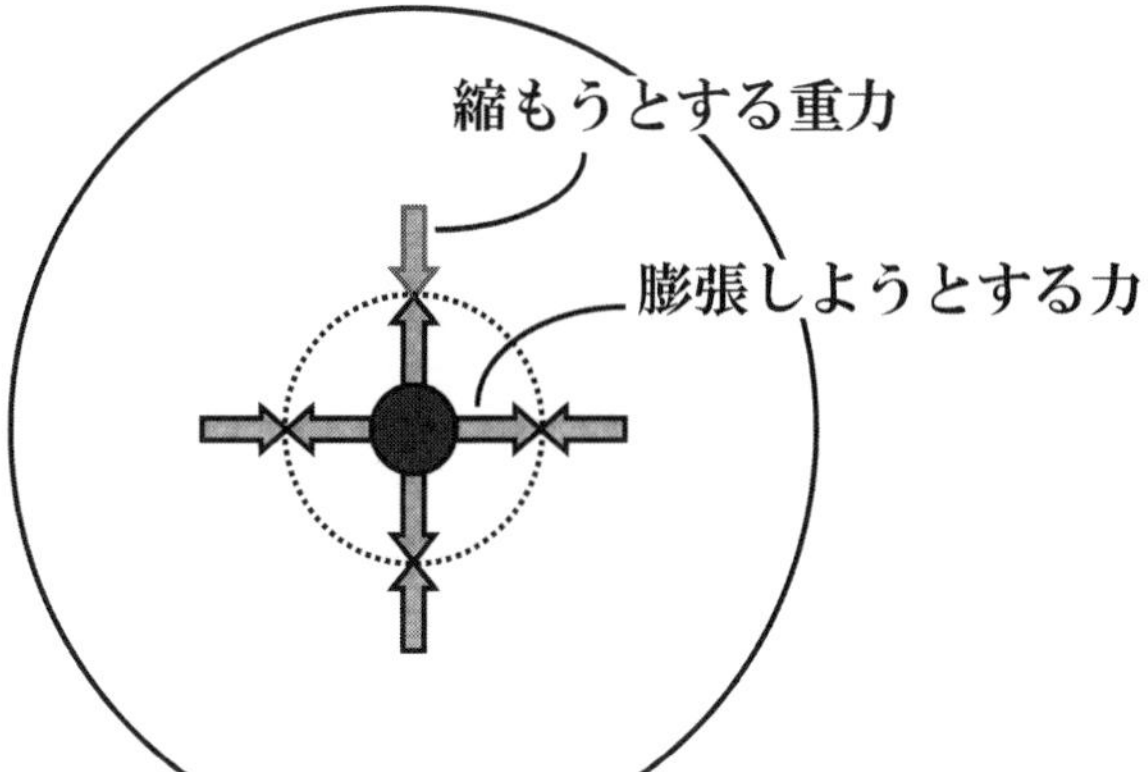

図２-７　核融合反応が始まると、恒星は安定した状態になる。

そのとき外部のガス（水素・ヘリウム）を吹き飛ばしもします。こうして大きな恒星になったものを巨星といいます。

質量の大きな恒星では、ヘリウムはどんどんたまって芯は大きくなっていきます。核反応しないヘリウムの芯の中心は、自分自身の重力でつぶれていきます。するとヘリウムの芯の中心部の温度・圧力はどんどん上がり、これまでは核反応を起こさなかったヘリウム（He）が、炭素（C）や酸素（O）になる核融合反応が始まります。ヘリウムの核反応が始まるためには水素の核反応よりも高い温度と圧力が必要ですが、質量の大きな恒星にできたヘリウムの芯の中心ではヘリウムが核反応を起こすほどの高温になってしまうのです。このとき、ヘリウムの芯の表面では水素（H）がヘリウム（He）になる核融合反応が続いています。

ヘリウムの芯の核融合反応が進むと、そのなかにたまった炭素（C）や酸素（O）がまた芯をつくり、その芯の中心部の温度・圧力がさらに上がるとより質量の大きいネオン（Ne）やマグネシウム（Mg）がつくられる核融合反応が始まり、さにケイ素（Si）ができてという具合に、だんだんと段階が高まる核融合反応によって、より質量の大きい

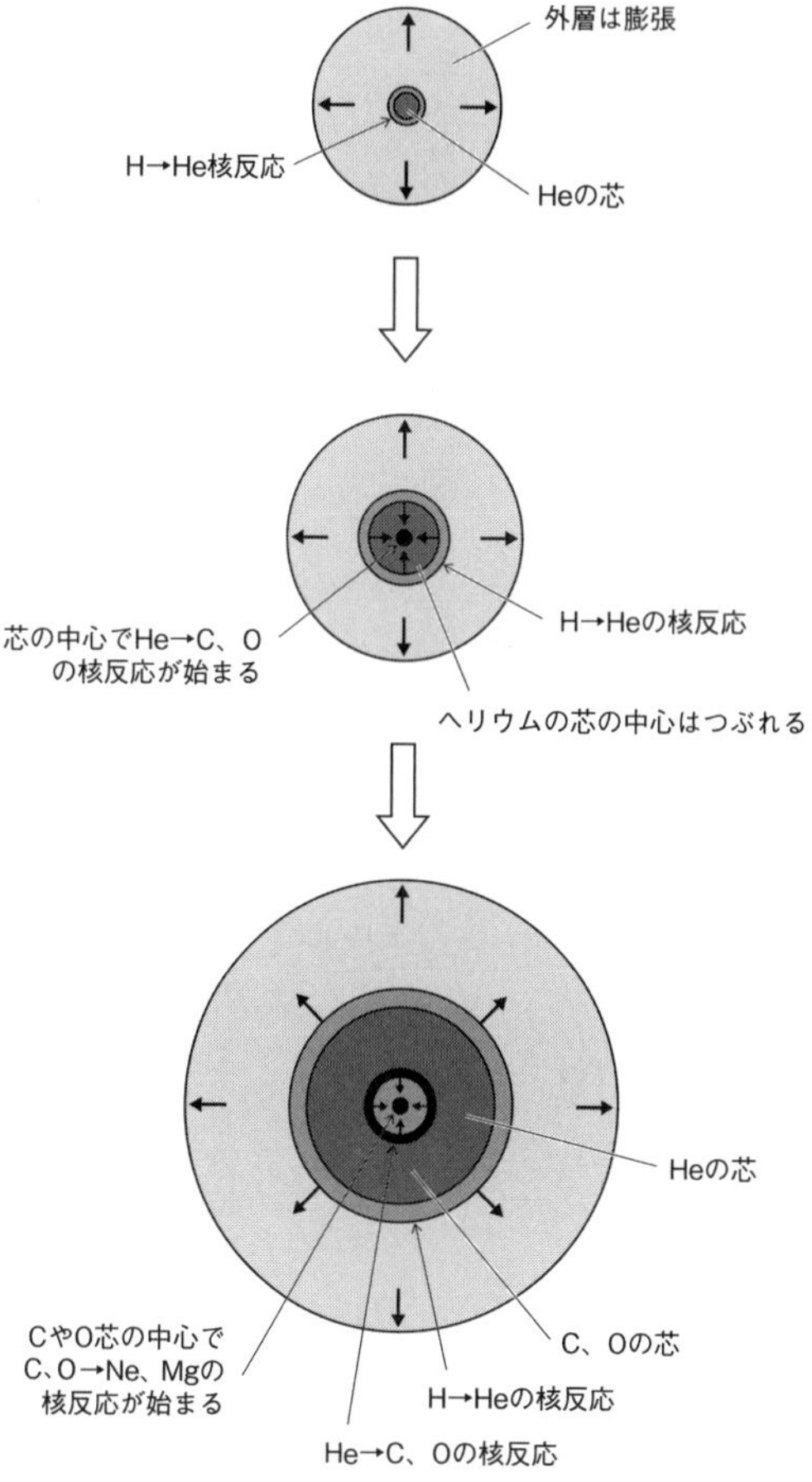

図2-8　恒星の核融合反応
質量の大きな恒星は、全体で大きくなりながら、内部では層に別れて、各層の表面で核融合反応が行われるという、複雑な構造になっていく。

原子核が次から次に合成されていくのです。こうして、恒星は玉ねぎ状の構造になり、各層の表面で核融合反応が起きているという不安定な状態になり振動を始めるようになります。これが脈動変光星です（膨らんだときは明るく、縮んだときは暗くなります）。恒星全体としては振動しながら膨張を続けます。また膨張と同時に周りのガスを吹き飛ばします。質量の大きな恒星は、このようにいろいろな元素を合成しながら巨星になります。

鉄よりも質量が大きな元素の合成

恒星内部の核融合反応で生成される元素はヘリウムから鉄までです。ここまでの核融合反応は発熱反応なので、核融合によってエネルギーが得られます。そのエネルギーで核融合反応が続きます。核融合反応で得られるエネルギーは水素が融合するときが最大で、ヘリウム、炭素、酸素と質量が大きくなるに従い、核融合しても得られるエネルギーはだんだん小さくなっていきます。

鉄よりも質量の大きな原子の核融合反応は、吸熱反応になります。エネルギーを外部

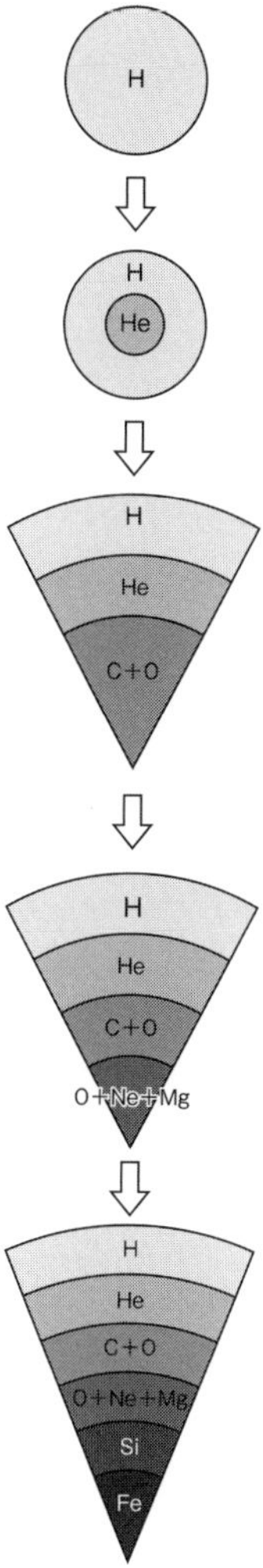

図2-9　質量の大きい恒星の中で進む核融合反応
質量の小さない星はヘリウムまでしかできませんが、質量の大きい星は鉄までを合成します。こうして、質量の大きな星の内部はタマネギ状の構造となり、各層の表面で核融合反応が起きているという、複雑な構造になります。

からもらわないと核融合反応ができないのです。鉄よりも質量の大きい元素の原子核は融合ではなく、分裂するとエネルギーを出します。核分裂反応の場合は、質量の大きな原子ほど大きなエネルギーが出るので、自然界では一番質量が大きいウランの原子核が核分裂するときに、一番大きなエネルギーを出します。いずれにしても、鉄の原子核が一番安定しているということになります。

人類が使う核のエネルギーは、ウランなど質量の大きな元素の原子の核分裂（原爆や原子炉）と、水素などの質量の小さな原子の核融合（水爆）になります。

ともかく、恒星の中心部に鉄の原子核ができてくると、鉄ではそれ以上の核反応が起こらず、鉄の原子核はたまる一方になってしまいます。鉄は核反応が起きないので膨張しようとする力は得られません。それでもある程度は周りからの重さに耐えられますが、周りからの重さが限界に達すると、鉄の芯が一気に崩壊し、その反動で恒星は大爆発します。これがⅡ型の超新星爆発です。このときはほぼ一瞬の爆発で、太陽がこれまでの50億年間（太陽のおおよその年齢）かかって放出したエネルギー以上のエネルギーを放出します。

超新星爆発には別にI型（Ia型）というものもあります。外側の水素の層を失った白色矮星《わいせい》（60ページ参照）の表面に、連星系の相手である巨星から放出されたガスが降り積もって、内部の炭素の核融合反応が暴走して起こります。この際にII型超新星よりも大量の鉄元素が合成されるのです。これを炭素爆発型ともいいます。タイプIa型の超新星が一番明るくなったときの絶対等級（光度）は、マイナス18等〜マイナス19等くらいとほぼ一定ということもわかっています。そこで、もしこうした超新星が遠い銀河に現れると、その見かけの明るさと比較することによって、その銀河までの距離を比較的正確に求めることができるという便利なものです。

もう一つ、連星系をつくっていた中性子星どうしが衝突すると、そのときに生ずる莫大なエネルギーで鉄よりも質量の大きな原子が合成されます。連星とは、二つ以上の恒星がお互いの引力で、回りあっているものです。地球から一番近いケンタウルス座α《アルファ》星は、じつは3つの恒星が回り合っている三重連星です。宇宙の恒星の20〜30%、あるいはそれ以上が連星系といわれています。また惑星系もそれと同じくらいあると考えられます。その中には地球に似た惑星もあるかもしれません。

ともかく、鉄よりも質量の大きな元素を合成するためには、通常の恒星の核融合反応ではだめで、これらの核融合反応とは桁違いに大きいエネルギーを出す超新星爆発や中性子星の衝突といった、まれにしか起こらないこのような大事件が必要です。しかしまれにしか起きないといっても、宇宙は広いし、宇宙の歴史は長いので、これらの大事件は無数に起きているのです。その結果、現在の宇宙には鉄よりも質量の大きな元素もたくさん存在しています。

超新星大爆発のときに鉄よりも質量が大きい元素が合成され、それとともに恒星を構成していた元素が、元からあったものも合成されたものも含めて、大量に周りの宇宙にまき散らされます。こうして、初めは水素とヘリウムだけだった宇宙に、だんだんとヘリウムよりも質量の大きな元素も存在するようになってきます。

地球上には鉄よりも重い元素が存在しています。じつは太陽を含めた、太陽系の他の惑星や衛星、小惑星などにも、鉄よりも質量の大きな元素は地球と同じように存在していることがわかっています。そればかりか、われわれの体の中にも、鉄よりも質量の大きな元素は存在しています。だから、われわれ自身を作る元素はいまは輝いていないとしても、かつてはどこかの恒星で燦然《さんぜん》と輝いていたということになるのです。

恒星の誕生からその最後までに要する時間は、恒星によって異なります。超新星爆発を起こすような質量の大きな恒星の寿命は短く、せいぜい数億年、場合によっては数千万年、あるいはそれ以下のこともあります。だから、宇宙の年齢は138億年であり、少なくともすでに134億年くらい前から恒星が存在しているとすると、もう何回も何回も超新星爆発や中性子星の衝突が起き、そのたびに宇宙は鉄よりも質量の大きな元素で「汚染」されてきたのです。

恒星はどのように進化するか

ここまでで、巨星とか超新星とか中性子星という言葉が出てきました。これらは恒星の進化の段階で登場するものです。駆け足で、恒星の進化を追ってみましょう。

原始宇宙は膨張するにつれてだんだん冷えて来ます。宇宙の中で物質の密度が高いところにガス雲(初めの宇宙では水素・ヘリウム、後の時代では水素、炭素、酸素やそれからできた分子)ができてきます。そしてガス雲は自分自身の重力のために、収縮を始めます。恒星のもととなるガス雲の質量は太陽の1万倍以上あると思われています。ガス雲の中でも密度のむらがあるので多数の塊に分裂して、それらが原始星へと成長していきます。原始星のもとはつぶれるときのエネルギー（重力のエネルギー）で熱せられていきます。そして、ある程度の高温になると、その熱で周りのガスを吹き飛ばし、突然明るく輝き出します。太陽程度の質量だと、現在の太陽の100倍もの明るさになります。これが原始星の誕生です。このように恒星は集団でできることが多く、恒星の集団である星団をつくります。逆にいうと星団の恒星は一斉にできたということになります。

原始星は輝き始めてから1000万年ほどかけて縮んでいきます。縮むにつれて表面積が小さくなるので、だんだん暗くなっていきます。でも、中心部は縮まることにより、温度はさらに上がって1000万Kを超えるようになります。すると、水素の原子核がヘリウムの原子核に転換する核融合反応が始まるのです。こうして重力のエネルギーで光り輝いていた原始星は、今度は核融合反応で光り輝くことになります。これが恒星の誕生です。

このとき、質量をより多く集めてできた恒星は青白い光を、あまり質量を集められな

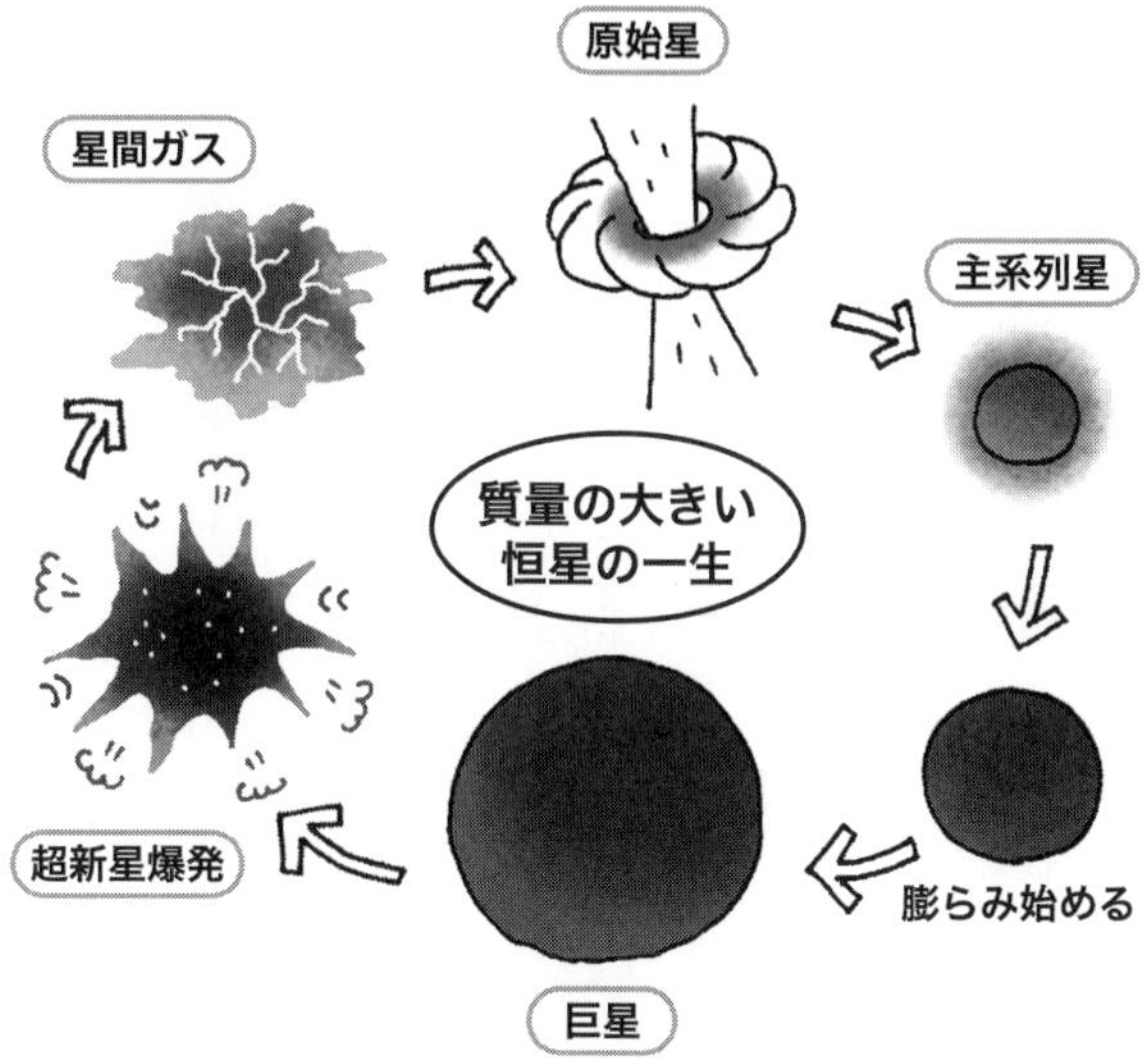

図２−10　質量の大きい恒星の一生

かった恒星は赤っぽい光を出すようになります。中間の質量の恒星は黄色っぽい色を出します。青白い恒星の表面温度は高く1万Kを超えるものもあり、明るく輝きます。赤っぽいの恒星の表面温度は３０００Kくらいで、青白い恒星ほど明るくはありません。黄色っぽい色の恒星はその中間で表面温度は６０００Kくらい、明るさも中間くらいです。これら、表面温度が高くて明るい恒星（質量が大きい）、表面温度が低くて暗い（質量が小さい）恒星の一群を主系列星といいます。太陽は黄色っぽい平均的な恒星です。主系列星は第三章で再び登場します。

主系列星の段階になった恒星は、重力によって縮まろうとする力と、核融合反応（核反応）で発生する熱によって膨張しようとする力が釣り合って安定な状態になっていきます。もし、何らかの原因で中心部の温度・圧力が下がると核反応が弱まり、発生する熱も少なくなるので中心部は縮まります。縮まると中心部の温度・圧力が上がりまた核反応が盛んになり、発生する熱も増えるので膨張してもとの大きさに戻ります。

逆に、何らかの原因で中心部の温度・圧力が上がると核反応が盛んになり、発生する熱が多くなるので中心部は膨張します。膨張すると中心部の温度・圧力が下がり核反応が弱くなって縮み、またもとの大きさに戻るのです。このような機構を負のフィードバックといいます。正のフィードバックは不安定、負のフィードバックは安定な状態を作ります。フィードバックについては第七章で詳しく説明します。

主系列星の安定した状態は、中心部にたまるヘリウムが全体の質量の10％程度になるまで続きます。この長さは、恒星の寿命（一生）の90％程度の時間くらいで、宇宙全体を見てみると主系列星の恒星が圧倒的に多いことになります。

このヘリウムの芯の質量が全体の10％程度まで成長すると、外側の層は重力の押さえる力よりも、核反応で生じた熱による膨張の方が勝って、恒星全体が膨張し始めて巨大な恒星へと変わって行きます。これが巨星です。太陽の半径の100倍以上に膨らむものもあります。もし太陽が巨星になったら、地球の軌道も飲み込まれるほどです。

このように膨張すると、恒星全体が不安定な状態になり振動するようになります。膨らんだときは明るく、縮んだときは暗くなるという脈動変光星になるのです。この振動が大きくなり、外側の層が剝がれて広がっていくようになります。こうした恒星は惑星状星雲を外側に持つようになります。そして、中心部では核反応が起きなくなり、だんだん縮んできます。縮むにつれて表面温度は上がりますが、星全体では小さくなるので暗くなります。これが白色矮星です。矮は小さいという意味です。半径は太陽の10分の1程度ですから、木星程度の大きさ、地球の10倍程度の大きさです。ただ、密度は非常に大きく1・0×10^6kg／mにもなっています。つまり1cm^3が1トン、角砂糖程度の大きさが1トンという、地球ではあり得ない密度です。白色矮星は余熱で光っているだけなので、その余熱がなくなってくればだんだんと暗くなり、やがては暗黒矮星として宇宙の闇に消えていきます。

これが、太陽程度からそれより質量が小さい恒星の最後となります。太陽よりもかなり質量が大きいと、また別の進化の道をたどります。

質量の大きな恒星は、水素（H）の核融合反応でできたヘリウム（He）も核融合反応を始めるようになるのです。Heよりも重い炭素（C）や酸素（O）ができ、さらに重いネオン（N）ができ、そして次にケイ素（Si）やマグネシウム（Mg）ができという具合に中心ほど質量の大きな元素ができてそれがたまっていきます（図2－9参照）。こうして、恒星は玉ねぎ状の構造になっていきます。最後の鉄（Fe）までの元素が合成される

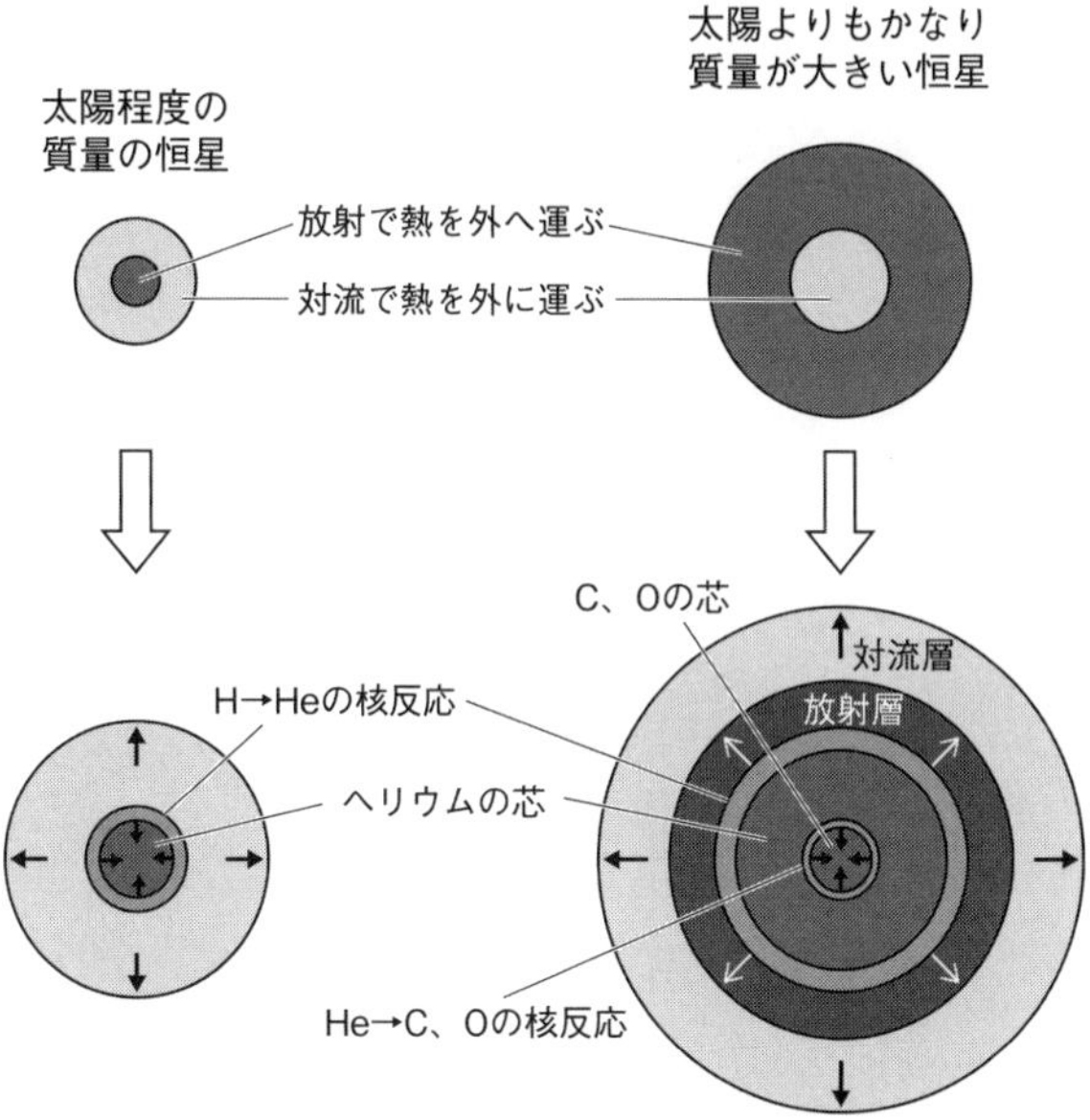

図2－11　恒星の進化
質量により恒星の進化の道筋はちがってくる。

ということは、前に書いたとおりです。恒星全体では、膨張して巨星になり、さらに不安定な脈動変光星になるということは、太陽程度かそれよりも質量の小さな恒星と同じです。

でも、それからが違います。恒星の中心部でたまってきた鉄が、周りからのしかかる重さに耐えきれずつぶれてしまうのです。つぶれた反動で大爆発をする、これがⅡ型の超新星でした。新星とはそこになかったはず（肉眼では見えなかった）のところに、急に現れる恒星、超新星とはさらに突然にとても明るく輝き出す恒星のことです。

超新星爆発によって、これまでの核融合反応で合成されたヘリウムよりも質量の大きな元素、さらにこの爆発のエネルギーで合成された鉄よりも質量の大きな元素が、爆発とともに宇宙にまき散らされるのです。

ただ、全部が吹き飛ばされることもなく、中心に一部が残ることもあります。そこでは鉄の原子さえもつぶれて、電子が原子核の中の陽子に吸収されてしまいます。つまり、電荷が打ち消された素粒子、中性子になるのです。もとからあった中性子と、電子が陽子に吸収された中性子、これらの中性子からできた中性子星となります。スカスカだっ

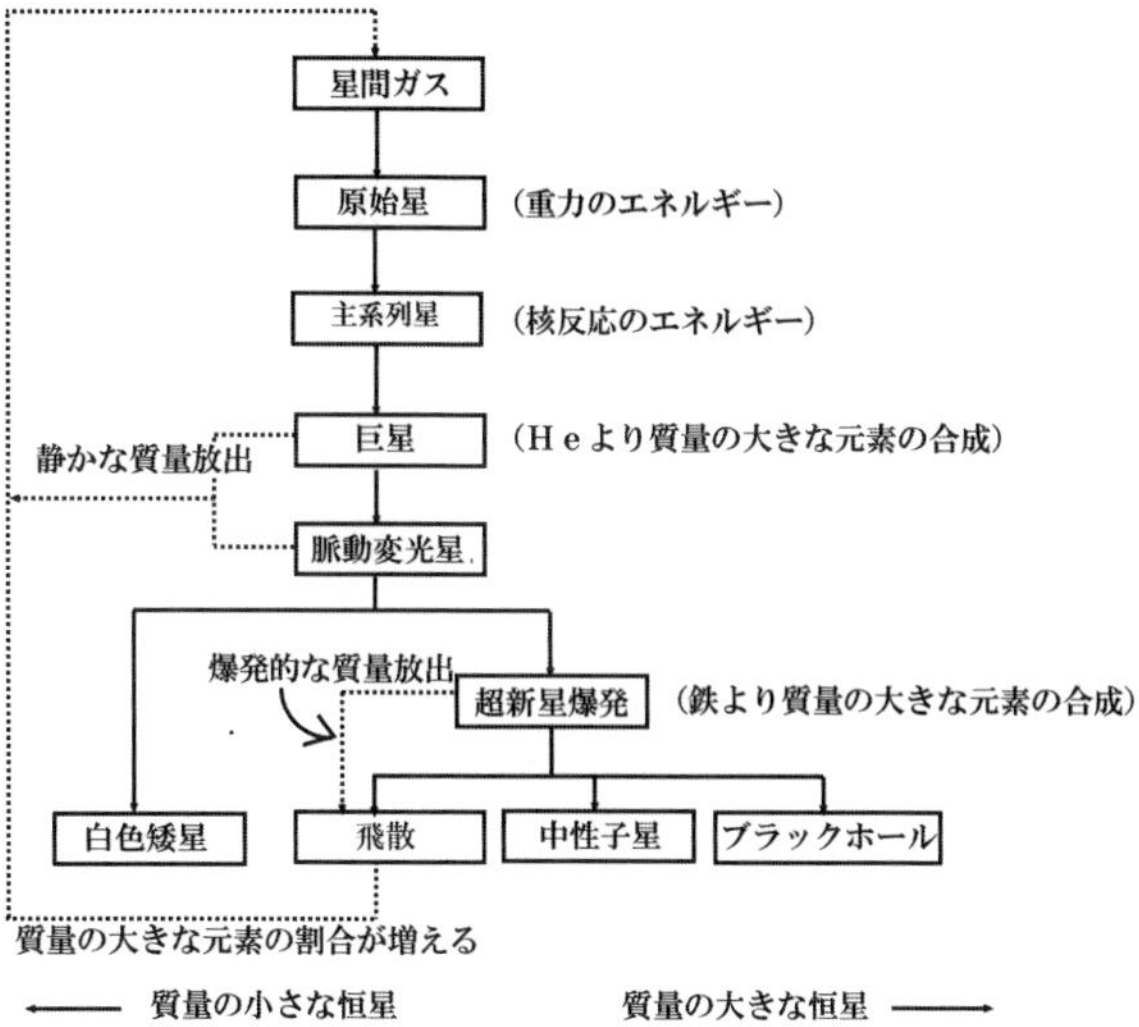

図２－12　恒星の進化のフローチャート

た原子（42ページ参照）が、つぶれるわけですからとてつもない高密度な状態です。それは、角砂糖程度の大きさで1億トンにもなります。地球の表面に置いたら、こんな超高密度の物体は、地球上の物質では支えることができないので、そのまま地球の中心まで沈んでしまうでしょう。

星団と銀河、そして宇宙の構造

恒星は同時にたくさん生まれることが多く、星の集団である星団を作っています。星団の中にはばらばらと集まった感じの散開星団と、ボール状に集まった球状星団があります。散開星団は比較的若い恒星の集まりで、恒星の数は数十個から数百個程度です。一方球状星団は比較的古い恒星の集まりで、恒星の数は数十万と散開星団とは比べものにならないくらいの数です。また、散開星団はヘリウムより質量の大きな元素、さらには鉄よりも質量の大きな元素を含んでいます。これは散開星団が超新星爆発の残骸を材料にできたということを示します。球状星団にはあまり質量の大きな元素はありません。だから古い恒星の集団ということがわかります。質量の大きな元素を含む散開星団を作る恒星を種族Ⅰ、質量の大きな元素をあまり含まない球状星団に属する恒星を種族Ⅱといい、少し性質が異なります。

こうした星団が集まってさらに大きな恒星の大集団、銀河ができます。われわれの太陽を含む銀河を天の川銀河、または銀河系といいます。天の川銀河の中にいるわれわれから見ると、天の川銀河は天の川として見えます。銀河にはさまざまな形をしたものがあります。われわれは天の川銀河の中にいるので全体を見ることができず、詳しいことはよくわかりませんが、天の川銀河は棒渦巻銀河と考えられています。天の川銀河の半径は約5万光年、太陽は中心から距離3万光年という〝辺境の地〟にあって、約2億年の周期で天の川銀河の中心の周りを回っています。天の川銀河に属する恒星は約1000億個、そしてその質量の10倍ほどの質量、でも正体不明のダークマターがとりついているようです。図2-13の散開星団は渦巻きの円盤部、とりわけ腕の部分に存在しています。一方球状星団は、天の川全体を球状に取り巻いているハローと呼ばれる部分に分布しています。

こうした銀河が数十個集まり、銀河群をつくります。天の川銀河を含む銀河群を局所銀河群といいます。日本からは見えませんが、大マゼラン銀河（大マゼラン雲）や小マゼラン銀河（小マゼラン雲）は天の川銀河の小さな伴銀河で、同じ局所銀河群の仲間です。局所銀河群の仲間として天の川銀河と同じような規模のアンドロメダ銀河（アンドロメダ星雲）もあります。小さく不定型な大小のマゼラン銀河とは違って、アンドロメダ銀河はきれいな渦巻き構造をしています。距離は２５０万光年もありますが、大きな銀河としては天の川銀河に最も近い銀河です。アンドロメダ銀河は秒速１９０㎞という速さでわれわれの天の川銀河に接近していて、40億年後には天の川銀河と衝突するといわれています。銀河の大きさと比べて、銀河同士の距離はかなり近いので、銀河が衝突することは珍しくありません。このように近い銀河同士は近づき合うものがあります。

もっとも、逆に恒星同士の距離はものすごく大きいので、銀河が衝突しても、それを構成する恒星の衝突は起きません。衝突した銀河は銀河として合体したり、互いに形を変えたりするだけです。例えば天の川銀河もアンドロメダ銀河も直径10万光年ほどで、二つの銀河の距離はそれぞれの直径の25倍の２５０万光年しかありません。ところが、太陽に最も近い恒星ケンタウルス座 α 星（プロキシマ・ケンタウル）までの距離は４・

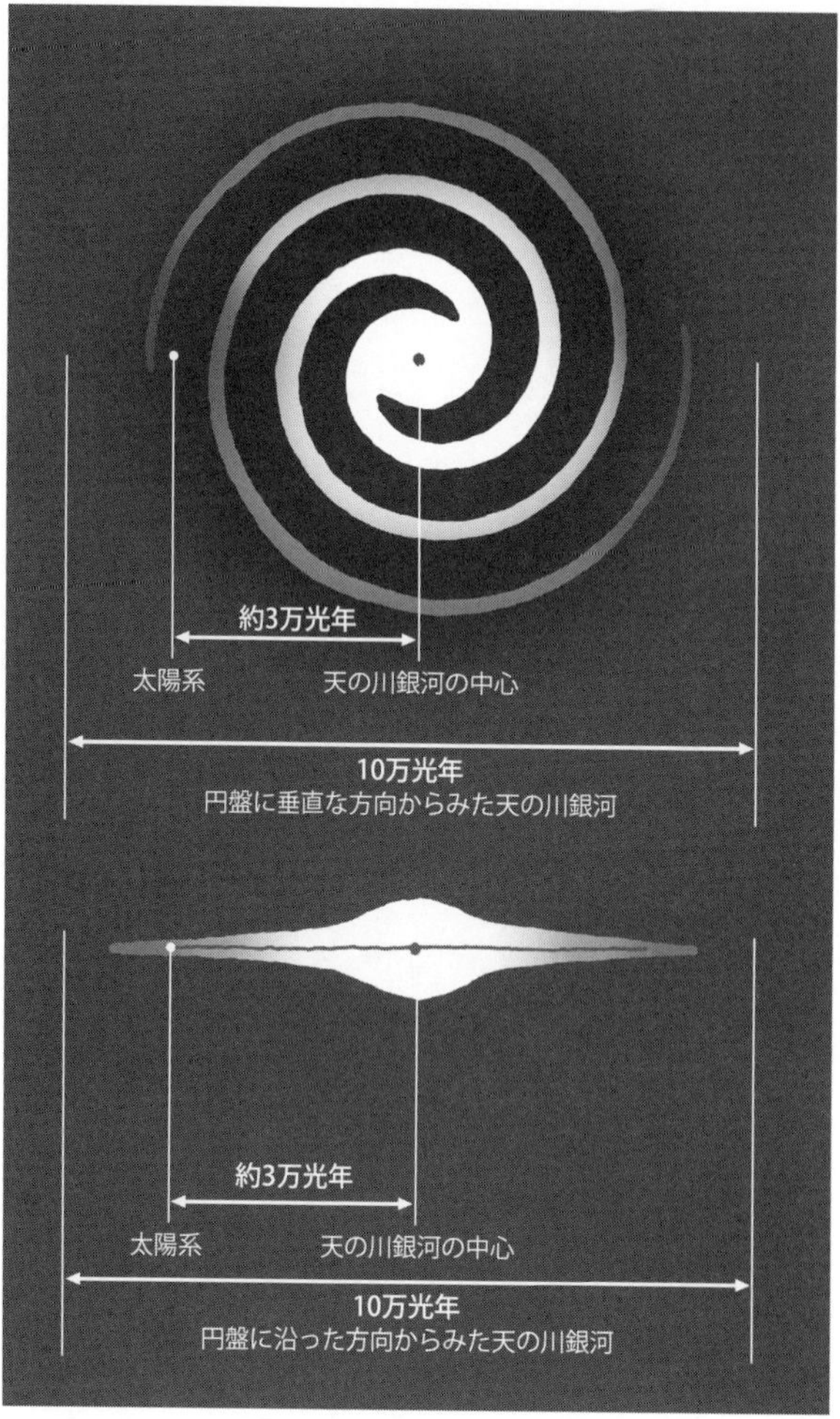

図2-13　天川銀河と太陽の位置関係（国立天文台の図を元に作成）

4光年で、これは太陽の直径の1500万倍もの大きさです。太陽を直径2㎝の1円玉の大きさとすると、ケンタウル座α星までは300㎞（東京―名古屋、東京―仙台くらいの距離）にもなります。これほど恒星の間の距離は大きいのです。東京と名古屋あたりで1円玉がいくら動いてもぶつかることはありません。ですから、恒星同士の衝突の確率はすごく小さいということになります。

なお、銀河系内のガスの塊を〝星雲〟といいますが（例：かに星雲）、天の川銀河の外の銀河の星々は分離して見えずに、ぼぉーっと見えるので昔は、これも星雲といったりしました。

さらに大きなグループが銀河団です。もっとも、大きな銀河群と小さな銀河団の境界は曖昧です。

銀河団が集まって、超銀河団が作られます。宇宙には超銀河団以上の大きな構造はないようです。そして超銀河団が〝膜状〟に繋《つな》がっているように存在し、その〝膜〟に囲まれた空間は空疎です。つまり、宇宙は石けんを泡立てたような泡状構造をしているらしいのです。

図2-14　散開星団プレアデス（すばる）© Ken Ishima/PIXTA

図2-15　球状星団 M3　© みつき／PIXTA

図2－16がその様子で、一つ一つの点が銀河です。それらが繋がって銀河団、超銀河団を作っています。それらに取り囲まれたところにはあまり銀河がありません。これが観測でわかった宇宙の構造です。

こうした宇宙から見ると、天の川銀河やその中の太陽系、太陽の周りを回る地球は本当にちっぽけな存在です。でも、その地球の上でわれわれ生物は進化して、こうしたとてつもなく大きな宇宙を考えることができるようになった不思議な存在でもあります。

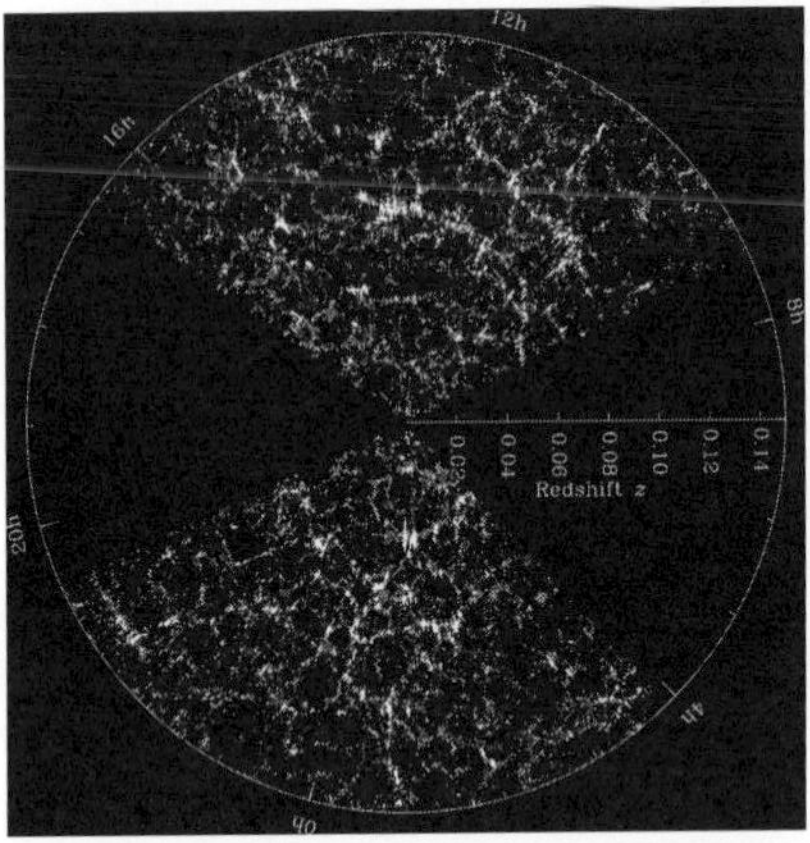

図2－16　宇宙の大規模構造
中心が天の川銀河、円の半径は20億光年。
http://www.sdss3.org/science/gallery_sdss_pie2.php

第三章　太陽は特別な星じゃない

恒星の明るさ

都会では夜でも人工的な光のためにかなり明るく、じっくりと星を見る機会は少なくなってしまいました。でも、郊外や山・海など夜に暗くなる場所では、たくさんの恒星（以下、とくに必要がない場合は「星」とします）が見えます。まず気がつくのは、明るい星と暗い星がある、つまり星によって明るさが違うことです。

明るさについて昔の人は、一番明るい星の一群を1等星（1等級の明るさ）、肉眼でやっと見える星（目のいい昔の人が人工的な明かりがなかった真っ暗な夜でやっと見えるという意味です）を6等星（6等級）と決めました。光学技術の発達により星の明るさを正確に測ることできるようになってわかったことは、1等星は6等星の100倍の明るさがあるということです。1等級小さくなるごとに明るさは約2・5倍ずつ明るくなり、そして5等級小さくなるとちょうど100倍明るくなるのです。

1等星よりも2・5倍明るい星を0等星、0等星より2・5倍明るい星（1等星よりも約6倍明るい星）をマイナス1等星、1等星より100倍明るい星をマイナス4等星とし、明るい方へ定義を伸ばしました。逆に6等星の2・5分の1の明るさの星を7等星、7等星の2・5分の1の明るさの星（6等星の6・3分の1の明るさの星）8等星、6等星の100分の1の明るさの星を11等星と、暗い方へも定義を伸ばしました。さらに現在では0・1刻みで等級を決めています。マイナス1・3等星とか、3・5等星とかです。

金星が一番明るいときはマイナス4・5等級（1等星の160倍明るい）、満月のときの月は約マイナス13等級（1等星の7000倍）、太陽はマイナス27等級（1等星の1600億倍）となります。また、国立天文台がハワイ島マウナケア山頂に設置している口径8・2mの巨大望遠鏡〝すばる〟は28等級（6等星の6億分の1の明るさ）の天体まで撮影できます。

このように地球で測った明るさは、星までの距離を考えない明るさなので見かけの明るさです。この明るさを「見かけの等級」といいます。

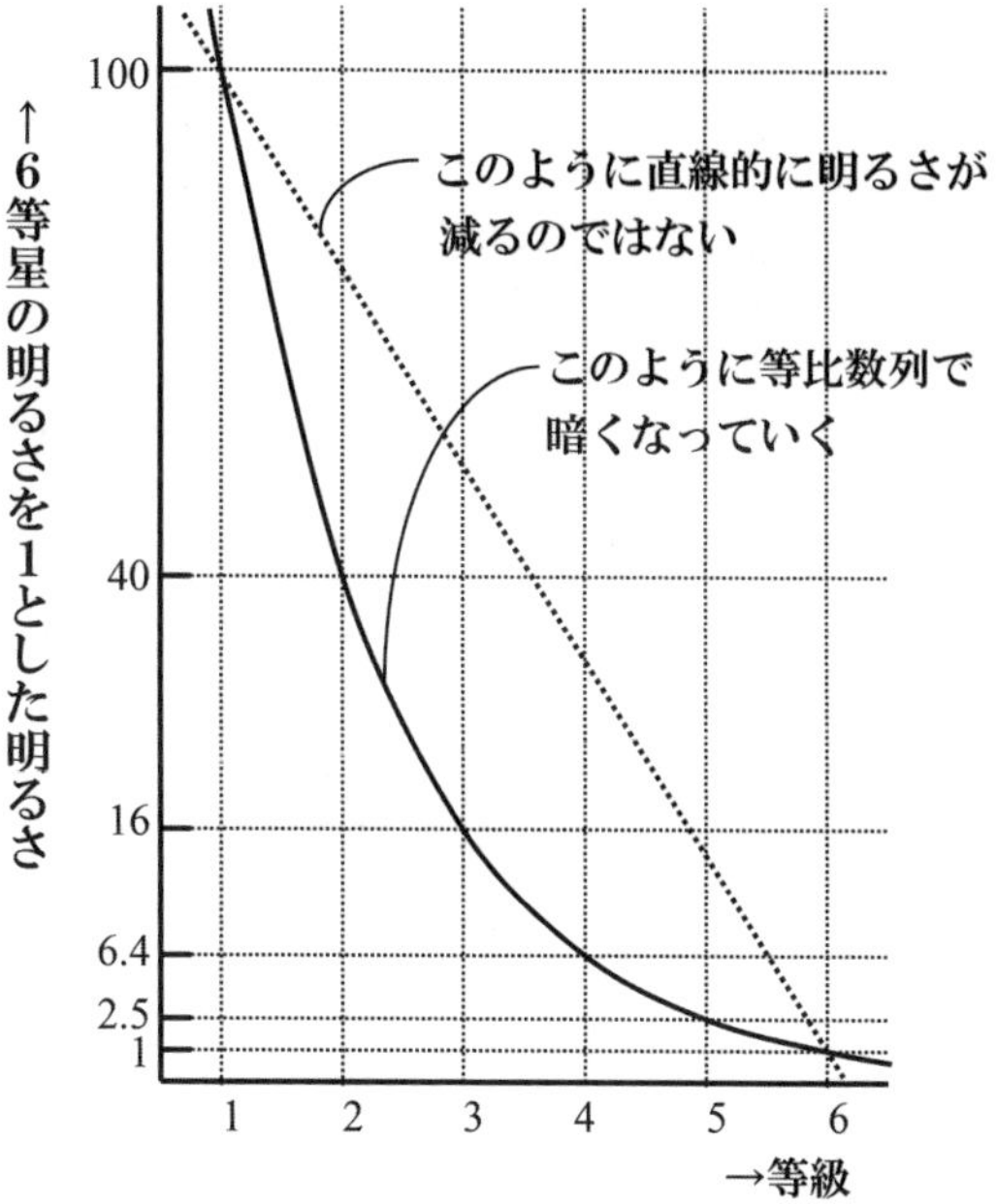

図3-1　星の等級と明るさの関係

距離（倍）	1	2	3	……	10	100	1万
見かけの明るさ	1	1/4	1/9	……	1/100	1/1万	1/1億

図3-2　距離と見かけの明るさの関係

星本来の明るさが同じでも、近い星ほど明るく、つまり等級が小さく、遠い星ほど暗く、つまり等級が大きくなります。星本来の明るさを比べるのには、星が出している光のエネルギー（光度）を比べなくてはなりません。光度を測るのは昔は難しかったので、もう一つの方法、同じ距離で測ったとしたときの明るさで比べるということにしました。距離を揃《そろ》えて明るさを比べれば、星そのものの明るさが比べられます。

「見かけの等級」に対して、距離を揃えて比べた明るさを「絶対等級」といいます。絶対等級は距離に関係ない値です。

見かけの明るさは、距離の2乗に反比例します。その関係は図3-2を見てください。

星までの距離はどうやって測るのか

太陽系に近い星までの距離は三角測量の原理で測ります。地球は1年で太陽の周りを1周しているので、半年後には太陽—地球の距離（1・5億km）の2倍の3億km離れたところに位置します。ですから同じ星を半年後に見ると、見かけの向きが少しずれるはずです。このずれの角度（定義ではその2分の1の角度）を年周視差といいます（図

3-3のP1やP2)。年周視差は近い星ほど大きく、遠い星ほど小さいという関係にあります。ただ、この年周視差は実際にはものすごく小さい値です。つまり他の星は太陽からものすごく離れています。一番太陽系に近いケンタウルス座α《アルファ》星でも(日本からはケ

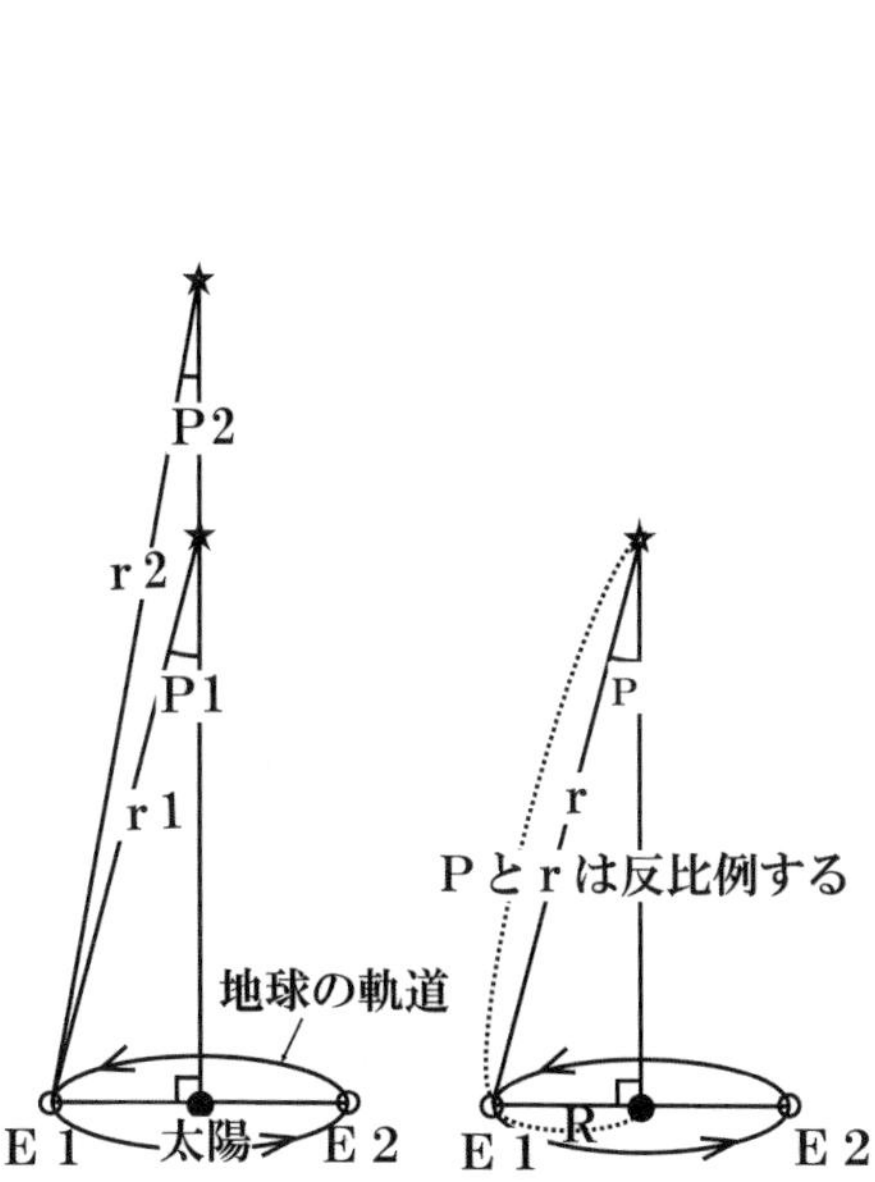

図3-3　年周視差と星までの距離

ンタウルス座は見えません）、わずか0・74秒角でしかありません。こんなに小さい角度を測定するのは大変です（角度の単位は1°＝度の60分の1が1′＝分角、1分の60分の1が1″＝秒角です。1°＝3600秒角になります。時間の単位と同じです）。

ただ、年周視差が小さいといいこともあり、年周視差（角度）と星までの距離は反比例するという簡単な関係になります（三角関数が入りません）。そこで、天文学者はこれを逆に使って宇宙の距離を定義しました。その定義は「年周視差が1秒角の距離を1pc《パーセク》とする」というものです。つまり、年周視差p秒角の天体までの距離は1／p pcとなります。年周視差0・5秒角なら2pc、0・01秒角の天体までの距離は100pcとなります。

1pcは3・09×10^{13}km（30・9兆km、太陽─地球の距離の20万6000倍）、また1pcは秒速30万kmの光で3・26年かかる距離（つまり3・26光年の距離）です。太陽系に一番近い星ケンタウルス座α星の年周視差は0・74秒角なので、0・74分の1＝1・35pc、さらに1・35×3・26＝4・4光年ということになります。一番近い恒星の惑星に知的な生物がいて電波（光と同じ速さ）で交信しても、往復8・8光年もかか

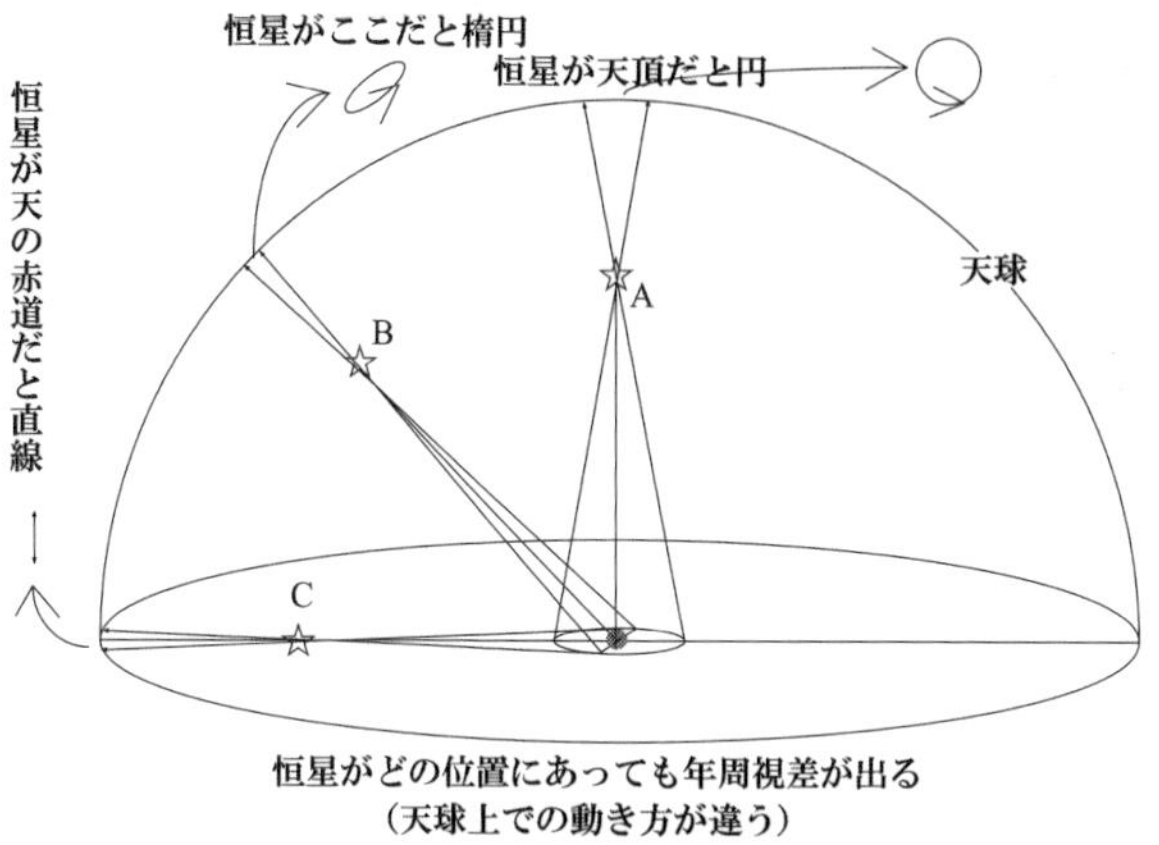

図3-4　年周視差は、星が太陽系に対してどのような位置にあっても測ることができる。

ってしまいます。

　この年周視差から天体（恒星や銀河など）までの距離を求める方法が、天体までの距離を測る唯一の直接的方法です。ただ問題は、宇宙の天体はあまりにも遠いものが多く、つまり年周視差がものすごく小さいものが多いので、現在の観測技術でも年周視差を測ることができる天体が限られるということです。地上からの観測では、100分の1秒角（100pc）程度までが限界です。星の数にして数千個程度しかありません。

　そのために、ヨーロッパ宇宙機関（ESA）は、年周視差測定を目的とする人工衛星ヒッパルコスを1989年に打ち上げ、さらに2013年には後継機ガイアを打ち上げました。宇宙なら、天体観測の妨げとなる地球大気の影響を避けることができるからです。とくに新しいガイアの性能は素晴らしく、0・00004秒角（2500pc、約11万光年）までの星を測ることができました。星の数にして15億個ほどにもなります（現在も観測を続けているのでこの数はもっと増えるでしょう）。ただ、宇宙は広い、これでも宇宙の星（天体）のごくごく一部にしか過ぎません。では、これよりももっと遠い天体までの距離はどうやって測るのか、それは星までの距離の項（86ページ）で説明します。

絶対等級と距離

絶対等級は、「10pcの距離（32・6光年の距離）で見たときの明るさ」と決められました。見かけの等級がマイナス27等の太陽は、絶対等級では5等級になります。マイナス27等級と5等級では6・3兆倍もの差があります。オリオン座のベテルギウスの見かけの等級は1等級、そして絶対等級はマイナス6等級です。絶対等級がマイナス6等級と

距離（pc）	1	10	100	1000	1万	10万	100万
m－M	－5	0	5	10	15	20	25

図3-5 距離（r）と見かけの等級（m）と絶対等級の関係
数式ではm－M＝5 log（r/10）となります。これは、見かけの等級と距離から絶対等級を求める式です。また、もし絶対等級が別の何らかの方法でわかると、この式を使って距離を求めることができます。この式は大変重要な式です。

いうことは、絶対等級5等級の太陽と比べるとその差が11等級ですから、本当の明るさは太陽の1万倍以上（2・5万倍くらい）も明るいということがわかります。では、われわれの太陽は星の中では暗い星なのでしょうか、それともベテルギウスが明るすぎるのでしょうか。

星の色はなぜ違う？

星をよく見ると、明るさばかりではなく色も違うことがわかります。オリオン座のベテルギウスは赤く見えるし、リゲルは青白く見えます。近くのシリウスは青白く見え、アルデバランは赤く見えます。黄色っぽい星もあります。太陽は明るすぎて地球で見ても色がよくわかりませんが、まぶしくないほどの遠くから見ることができると黄色く見える星です。

星の色はその表面温度で決まります。表面温度が高い星（1

万K《ケルビン》を超えている星もある）は青白く、表面温度が低い（とはいってもЗ000K以上の高温）星は赤っぽく見えます。太陽の表面温度はその中間で、6000Kなので黄色に見えます。逆にいうと、色によって表面温度がわかるわけです。

光は電磁波の一種で、波の性質を持っているので波長があります。光は、波長が短いと青っぽい色、波長が長いと赤っぽい色になります。恒星が出す一番強い光の波長に注目した恒星の分類がスペクトル型です。人によって微妙に感じ方が異なる色を指標とするのではなく、その星の光の波長に注目した方が、人による違いも生じないのできちんと決まります。厳密には光の特徴で決めますが、ここではその内容までは立ち入らないことにします。

恒星の性質と進化を示すHR図

ヘルツシュプルング（デンマーク、1873〜1967）とラッセル（アメリカ、1877〜1957）は、絶対等級を縦軸に、スペクトル型を横軸にしたグラフの中に、星をプロットするという図を考えました。この図は二人の名の頭文字をとりHR図といいます。HR図は星の研究には欠かせない重要で便利な図です。

HR図の縦軸は絶対等級の代わりに、太陽を1としたときの星の明るさにしても同じです。横軸はスペクトル型の代わりに表面温度でも同じですし、直感的には色でもいいです。

このような図を実際に作ってみると、左上から右下に並ぶ一群の星があります（口絵1参照）。HR図では左の方が表面温度が高く、上の方が絶対等級が小さい（明るい）ので、表面温度が高いほど明るい星ということになります。このような星を「主系列星」といいます。星の大部分は主系列星です。太陽も主系列星の星で、絶対等級5、スペクトル型G型になります。

右上の方にも星がプロットされています。表面温度が低いのに明るいという星です。表面温度が低いということは、一定の面積から出る光はあまり強くないが、星が大きいので星全体から出てくる光は強い（明るい）ということです。ですから、HR図の右上の星は巨大な星だとわかります。そこでこれらの星を「巨星」といいます。中には太陽の半径の100倍を超えるものもあります。ベテルギウスも巨星で、太陽の位置に持ってくると火星の軌道も飲み込まれてしまうほどの巨大さです。

左下の星は逆です。表面温度が高いのに暗い、つまり小さい星だということがわかります。半径は太陽の10分の1ほどしかありません。つまり、木星くらいの大きさです。これでも自分で光っている星です。白く小さい星なので「白色矮星《わいせい》」と名付けられました。

星は誕生したときは主系列になります。質量の大きな星（明るい星）は左の上に、質量が小さいものほど（暗いものほど）右下の方へと位置して、質量の小さな星（暗い星）は一番右下に位置します。星は、その一生の90％ほどを主系列星として安定な状態を保っています。ですから星の中では圧倒的に多く、90％ほどが主系列星になります。

星は歳をとってくると不安定になって膨張し始めます。膨張するに従って表面温度が下がります。でも膨張して大きくなったおかげで星全体では明るくなります。つまり巨星へと進化するのです。歳をとった星は、HR図では右上の方に移動し始めます。

巨星へと進化したあとは、星の質量によって異なります。不安定になって変光星になり、さらに大爆発（超新星爆発）を起こしてブラックホールになるもの、超新星爆発で

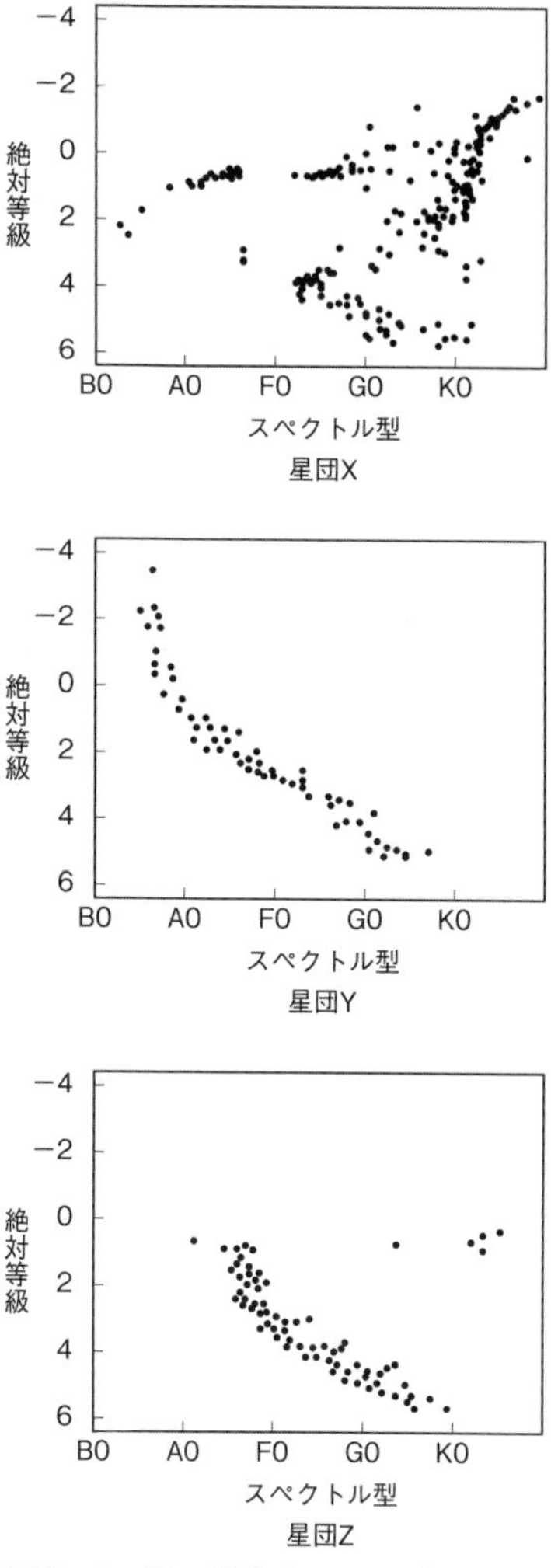

図3-6　星の進化とHR図（2003年度センター試験問題）

雲散霧消してしまうもの、爆発の残骸を残すもの、静かに死んでいくもの（核融合反応が止まって冷えていくもの）などの末路になります（63ページの図2－12参照）。

この残骸の一部がHR図の左下に位置する白色矮星になります。もう核反応は止まっているので、余熱で光っている星です。やがてだんだん冷えていけば、光も出さない暗黒矮星になっていくでしょう。もうこうなっては見ることはできません。

星の進化の速さは質量が大きく明るい星ほど速く（寿命が短く）、逆に質量が小さく暗い星ほど遅い（寿命が長い）ということもわかってきました。星団（第二章参照）は一斉にできた星の集団で、年齢が同じような星が集まっています。そこで、星団に属する星だけで、HR図を作ると面白いことがわかってきました。

ほぼ全部の星が主系列星である星団（図3－6の星団Y）、かなりの星が巨星と巨星になりかけている星団（同星団X）、そしてその中間の星団（同星団Z）です。星の進化と併せて考えると、ほぼ全部が主系列星である星団は若い星々でできている新しい星団、多くの星々が巨星へと進化した星団は、年老いた星々でできている古い星団ということになります。そして、どのスペクトル型あたりの星が巨星へと進化し始めているかということで、その星団の年齢、つまりその星団を作っている星の年齢もわかるようになりました。こうして星々の年齢を求めることができるようになり、太陽を含む星図のＨＲ図から太陽の年齢が約50億歳ほどであることがわかったのです。

Ｏ型やＢ型の星の寿命は１０００万年ほど、中には数百万年ほどしかないものもあります。あっという間に巨星へと進化して死んでいきます。逆にＭ型の星の寿命は数百億年、場合によっては１０００億年を超えるものもあります。その中間である、われわれの太陽が属するＧ型の星の寿命は１００億年程度です。太陽も最後は巨星へと進化し始めて、地球の軌道も飲み込まれるほど膨張するでしょう。でも、それはあと数十億年後のことです。ですからわれわれは、太陽が膨張して地球が滅んでしまうという心配はしなくても大丈夫です。

星の質量

質量が大きいほど明るい星、つまり主系列星であれば左の上にある星ほど質量が大きいことはわかります。ただこれだけでは、絶対的な質量（太陽の何倍の質量か）はわかりません。

ここで、まず連星を利用します。連星とは星同士が互いの重力で回り合っているものです。ニュートンの万有引力の法則を使うと、その運動の観測から互いの質量がわかります。連星の星が主系列星のどこに位置するのか（スペクトル型は何型か）をたくさん調べると、連星を構成している星の質量と明るさ（絶対等級＝光度）の関係、質量―光度関係（図3－7）が出ます。ここで、この質量―光度関係がどんな星でも成立するとして（つまり連星は特殊な状態ではない）、連星でない星にその質量―光度関係を適用し、今度は逆に絶対等級（光度）から質量を求めるのです。

こうして主系列星の星は、絶対等級を調べるだけで、星の質量を求めることができるようになりました。その結果、ほとんどの星の質量は太陽の10倍程度から10分の1程度、つまり太陽は平均的な質量の星だとわかりました。

星までの距離

星団に対してＨＲ図を作ると、どの星が主系列星の星かがわかり、主系列星とわかれ

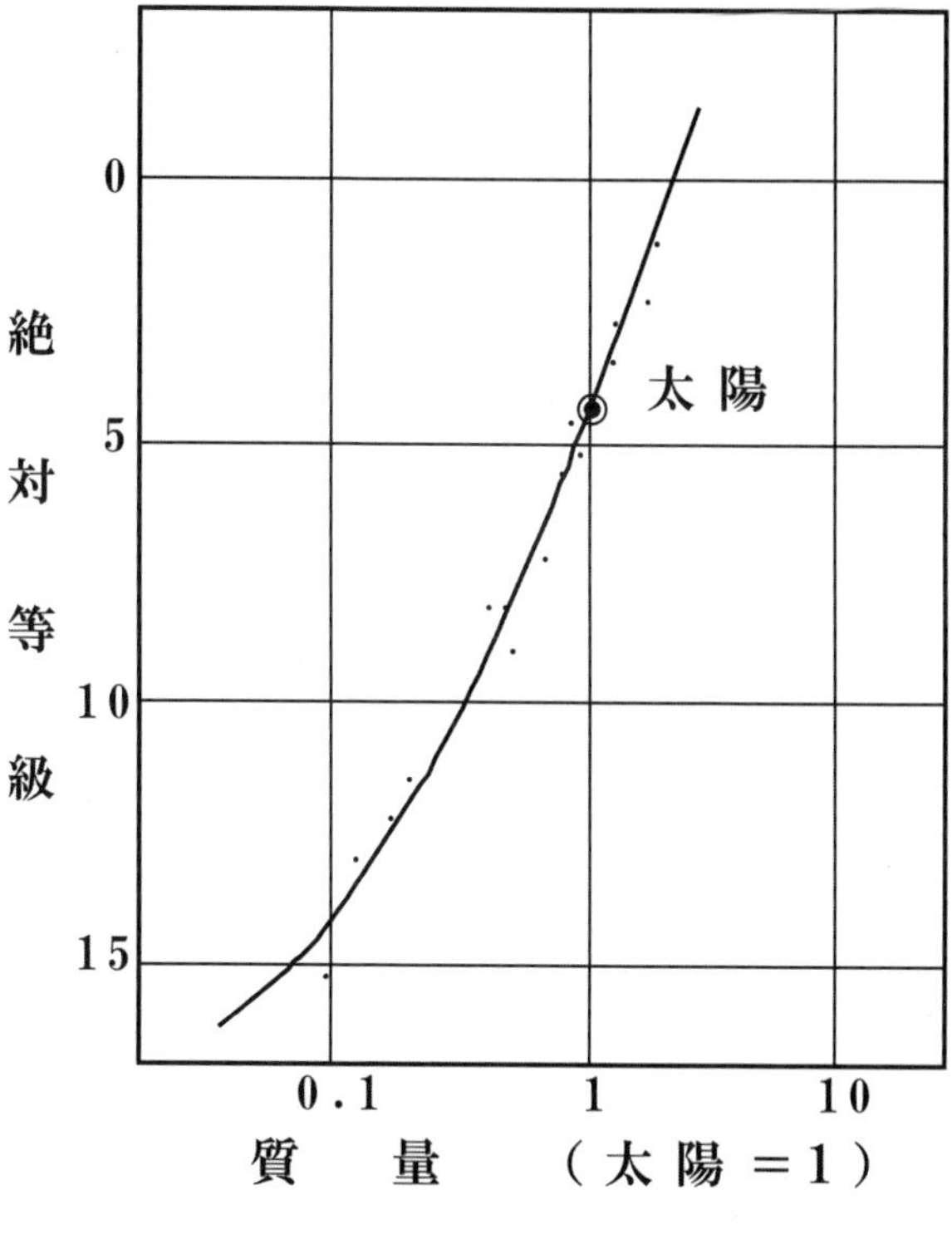

図3－7　質量と光度の関係
このグラフを使うと、絶対等級からその恒星の質量を求めることができます。

ば、そのスペクトル型から絶対等級もわかります。例えば主系列星でG型であれば、太陽と同じ絶対等級が5等級だとわかります。絶対等級がわかれば、見かけの等級はわかっているので、両者を比較することによって星までの距離を求めることができます。つまり、年周視差を測ることができない遠い星でも、見かけの等級と絶対等級の差から距離を求めることができるのです、その表と計算式は79ページを参照してください。

スペクトル型から絶対等級を決め、見かけの等級との差で距離を求める方法を「分光視差」といいます。スペクトル型からだけではなく、何らかの方法で絶対等級がわかれば、同じようにして距離を求めることができます。

太陽はふつうの星

太陽の絶対等級は5等級、スペクトル型はG型です。さらに主系列星に属していて、HR図では左上から右下に並ぶ主系列星の中でも真ん中あたりに位置します。太陽は表面温度も大きさも質量も、星の中では平均的なものです。つまり、われわれの太陽は、宇宙の数限りなくある星の中でも、きわめてふつうの星だといえます。

太陽がふつうの星だということは、太陽に似た星がこの宇宙には数多く存在しているということです。連星をなす星は珍しいものではなく、20〜30%、もしかするとそれ以上の星が連星をなしているとわかっています。連星は互いが恒星ですが、片方の天体が星になれないほど小さい場合は恒星ではなく惑星です。だから惑星を伴う星も珍しいものではありません。実際、太陽系以外でも、惑星を持つ星が続々と発見されています。

これは地球のような惑星も、宇宙にはたくさん存在している可能性が極めて高いということを示しています。

人類の宇宙観を振り返ってみます。まず、地球が宇宙の中心であり、太陽や惑星、さらには星全部が地球の周りを回っているという天動説がありました。つまり天動説は、地球が宇宙では唯一無二の特別な存在、宇宙の中心であるという宇宙観です。

しかし、16世紀になってコペルニクス（ポーランド、1473〜1543）により、地球の方が太陽の周りを回っているという天動説が提唱されました。天動説は後のケプラー（ドイツ、1571〜1630）やニュートン（イギリス、1642〜1727）たちにより理論化され、後の観測によってそれが正しいということが実証されていきます。つまり、地球は宇宙の中心ではなく、8つある惑星の中の一つ、太陽系の一員にしか過ぎないということが明らかになってきました。

その後、太陽は1000億個以上の星の大集団銀河系（天の川銀河）の中の一つの星にしか過ぎないこと、それも天の川銀河の中心近くではなく、いわば天の川銀河の辺境の地で、天の川銀河の中心の周りを回っている平凡な星であることもわかってきました。

さらに研究が進んで、その天の川銀河そのものが宇宙の中では平凡な銀河であることもわかってきました。太陽は、平均的な銀河の中の平均的な星であり、われわれの地球はその周りを回る平凡な惑星ということです。少なくとも太陽や地球は、宇宙の中での特殊な存在ではありません。

つまり、人類の宇宙観は、地球や太陽は宇宙の中心にある唯一無二の存在から、宇宙のどこにでもある平凡でふつうの存在だということに変わってきたのです。でも、太陽や地球が平凡でふつうだからこそ、生命が誕生して、進化できたのかもしれません。

具体的に考えてみます。高温のスペクトル型がO型、B型の星の周りは、液体の水が惑星表面で存在できるというハビタブルゾーンは広いですが（そこに惑星が存在する確

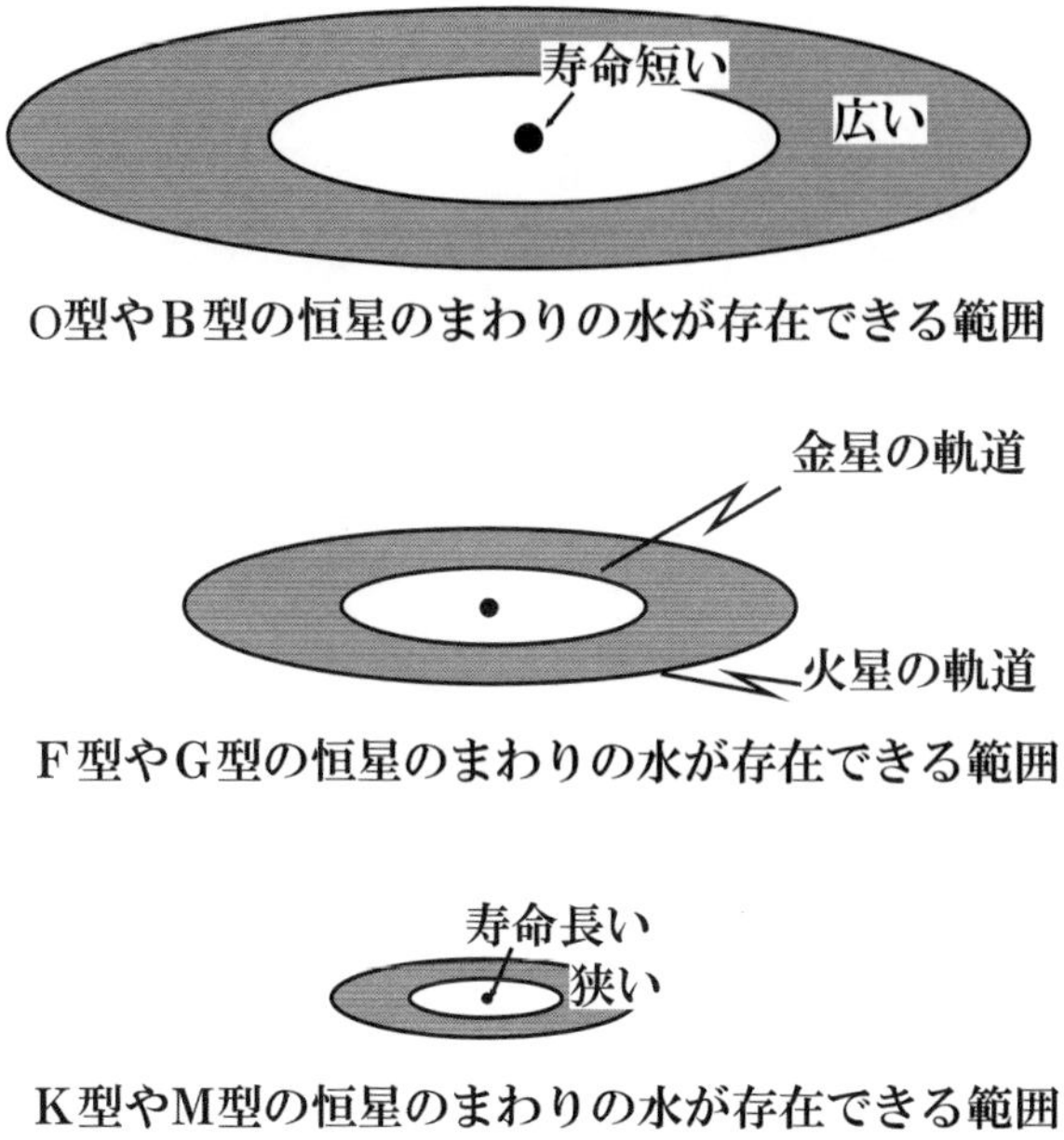

図3-8　恒星のスペクトル型とハビタブルゾーン

率が高い）、星の寿命が数億年以下です。これでは生物が進化する時間がありません。

一方低温のM型の星は寿命が100億年を超えるので、生物が進化する時間は十分にあります。でも、ハビタブルゾーンが狭いので、そこに惑星が存在する可能性が低くなります。

こうして考えると、われわれの太陽は〝ふつう〟の星であったからこそ、ハビタブルゾーンもそこそこに広く（地球がその中に入れた）、寿命も100億年くらいある（主系列星としても80億年ほどの時間がある）ので、生物が進化できたということになります。地球を考えると、生命発生から35億年以上かかって人類が誕生したので、この程度の時間は必要なように思われます。太陽が〝ふつう〟なのがよかった、これは生命の誕生と進化にとって大切なことだったのかもしれません。だから、宇宙で地球型生物を探すとしたら、G型の恒星の周りを回る惑星を探査するのが効率的だということになります。もっとも、地球上の生物は地球の環境に適応して進化してきたので、地球型生物が地球のような環境に適しているのは当然です。

宇宙には太陽のような〝ふつう〟の星は数多くあるので、地球のような惑星もたくさんある、だとすれば人類は宇宙で孤独な存在ではなく、人類とコンタクトをとれる宇宙人もたくさんいる可能性もあるということになります。これについては、この本の最後で再び考えたいと思います。

【太陽系のハビタブルゾーン】

惑星表面で水が液体として存在できる範囲を、ハビタブルゾーンといいます。太陽系では金星から火星の軌道くらいまでで、地球はその真ん中の最適な環境です。金星はハビタブルゾーン内といっても、現在の金星表面は460℃、90気圧という世界なので液体の水は存在できません。火星は、かつては表面に液体の水が存在していた証拠があります。ただし、現在は平均でマイナス60℃程度(赤道では25℃くらいになることもあります)、200分の1気圧程度(地時的だと35㎞程度の上空に相当)なので、現在の火星表面には氷はありますが、水はないか、あってもごく一時的だろうといわれています。また、木星衛星エウロパやガニメデ、土星の衛星エンケラドスのように、表面が氷でその内部には液体の水があるものがあります。生物の生存の条件と一つとして、液体の水が挙げられているので、こうした惑星の分厚い氷の下の暗黒の海中で、地熱を利用して発生した生物がいるかもしれません。ハビタブルゾーン外でも、惑星の表面ではないところに液体の水は存在しているのです。また、土星の衛星タイタン（窒素を主成分とする約1・5気圧の大気を持ち、表面温度約マイナス180℃の極寒の世界）の表面には液体のメタンの海があります。あまりの低温のために、メタンも液体や固体になれるのです。タイタンでは蒸発したメタンが雲を作り、その雲からメタンの雨が降り、メタンの川となってメタンの湖や海に流れ込むという、地球の水の循環と同じようなメタンの循環が行われています。だからタイタンでは、液体のメタンを水の代わりとして使っている生命が発生しているかもしれません。でも、それこそ想像を絶する生物でしょう。

第四章　とうとう地球ができた

原始太陽系星雲

宇宙は完全な真空ではありません。宇宙（銀河）内には星間物質と呼ばれる希薄なガスやダスト（塵《ちり》）が漂っています。その星間物質の中で、最も密度が高いのはおもに水素分子（H_2）とヘリウムからできている分子雲です。もちろん、わずかですが他の元素も含んでいます。分子雲に少しでも密度の濃淡があると、その濃淡の差がだんだん拡大して、やがて恒星が誕生するという話は第二章で書きました。太陽もこうしてできていったのです。

分子雲はいくつかの塊に分裂しながら、それぞれの塊が恒星へと進化を始めます。そしてその分子雲は収縮と同時に回転を始めて、円盤形の原始太陽系星雲（原始惑星系星雲）になっていくのです。

それは、分子雲の塊が回転を始めると、図4－1のように分子雲の中心に向かう引力

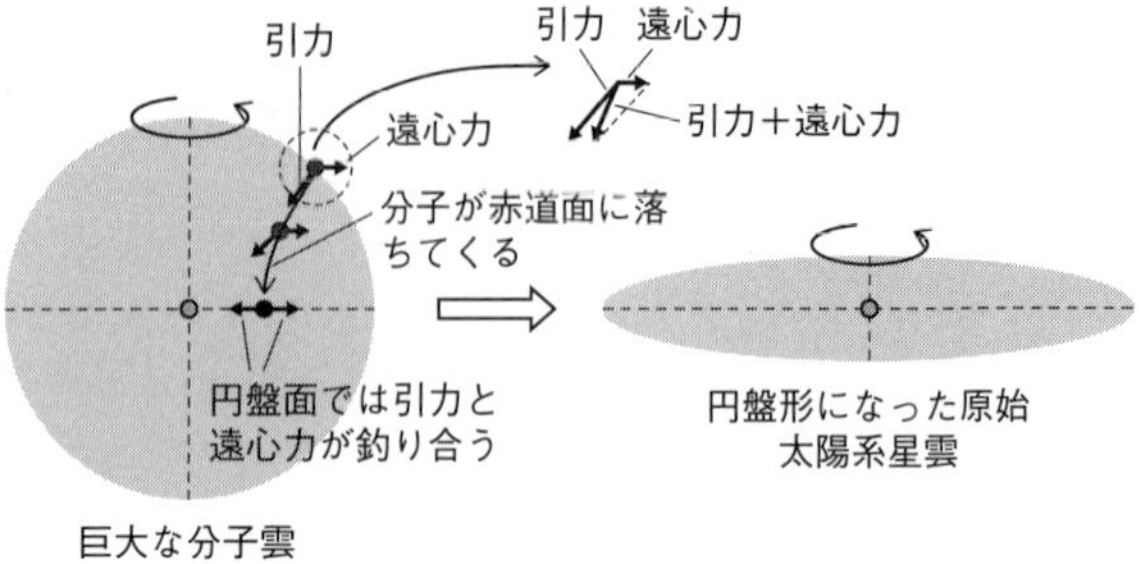

図４－１　分子雲は回転を始めると円盤状になっていく

と、回転軸から遠ざかろうとする遠心力の合力が、分子雲の赤道面に向かう向きにはたらくからです。こうして分子雲を構成している分子は中心に近づきながら、分子雲の赤道面に落ちていきます。赤道面にまで落ちると、中心に向かう引力と遠ざかろうとする遠心力がちょうど正反対の向きになって釣り合い、そこで形が安定します。分子雲の中ではさらに塊にわかれていき、中心の塊は原始太陽（原始恒星）へと成長を始め、周りの塊は惑星などへと成長を始め出します。太陽系は約50億年前に、こうして成長を始めたと考えられています。つまり分子雲は、回転しながら収縮し、形も円盤状になっていくのです。このときに分子どうしの衝突によるエネルギーでかなり熱くなっていきます。

原始太陽は、もととなった分子雲の質量の99％ほどを集めてしまいます。その主成分は水素とヘリウムです。ただ、地球を含めて、太陽系にはヘリウムよりも質量の大きな元素、さらには鉄よりも質量の大きな元素も含まれています。質量がヘリウムよりも大きい元素は恒星の内部の核融合反応でき、質量が鉄よりも大きい元素は超新星爆発などの際にでき、それらが超新星爆発で宇宙にばらまかれ

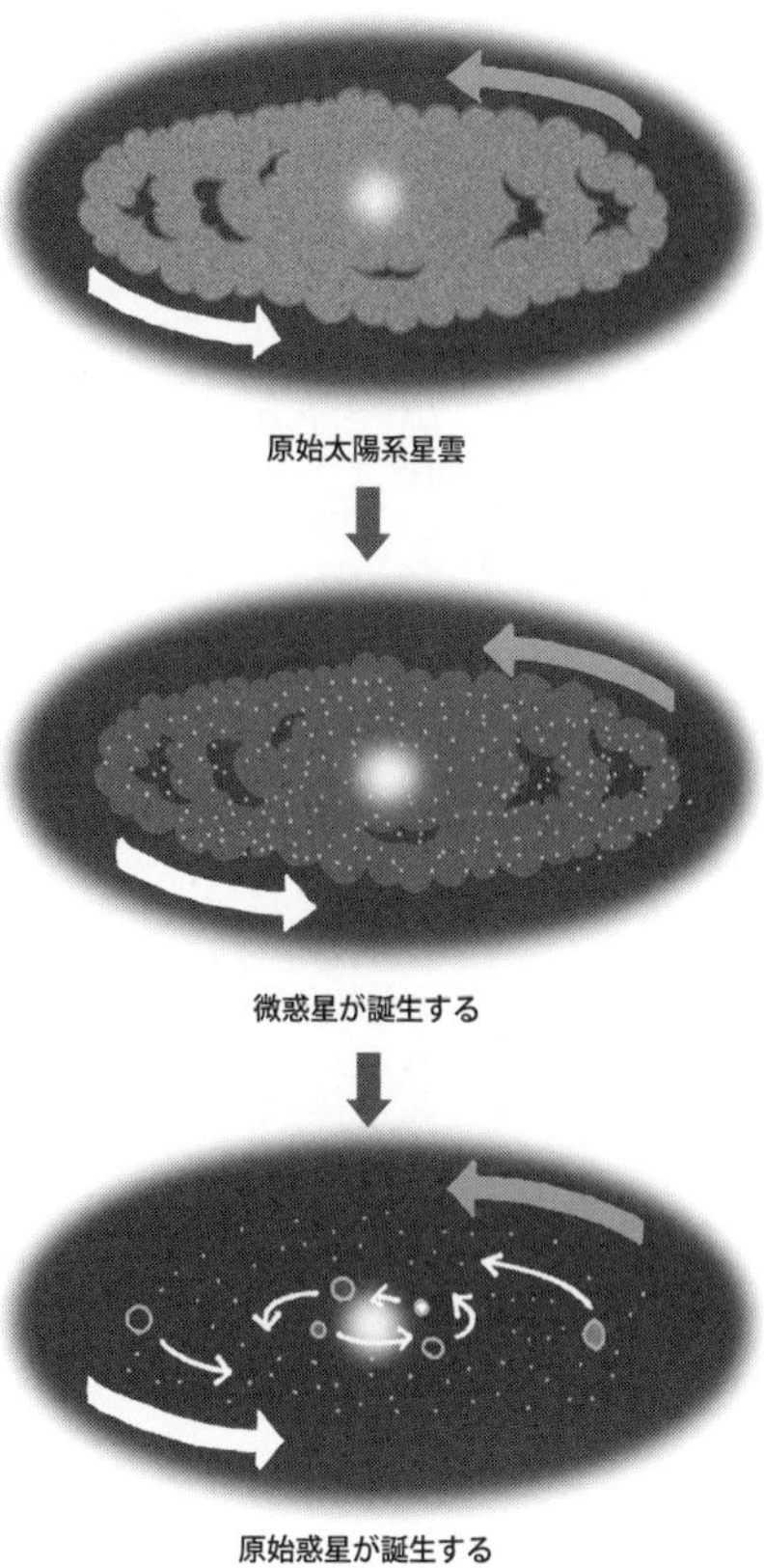

図4-2　原始太陽系星雲の中で原始惑星が誕生する

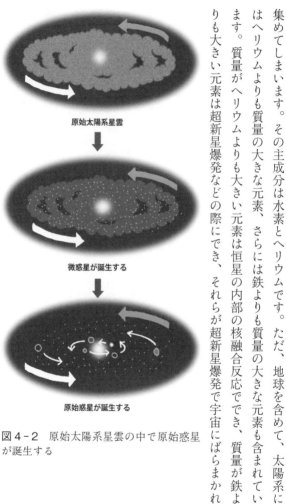

たものです。だから、太陽系の物質は、宇宙にもともとあったものではなく、かつては恒星を構成していて、その恒星で合成されたものなのです。太陽系の材料の元素は、太陽系形成よりかなり前の超新星爆発で作られたものだということもわかっています。

原始太陽系星雲の中で、太陽の周りを回っている分子雲は全体が落ち着くにつれてだんだん冷えてきます。このとき、ガス（気体）から直接固体に変化していく物質もできてきます。できる固体の物質は、太陽に近くて温度の高いところでは岩石（ケイ酸塩鉱物、ふつうの鉱物）と金属です。太陽から遠いところでは氷（水の固体）、さらに遠くなるとアンモニアやメタンも固体になるのでこれらも含むようになります。岩石や金属か氷かの境目は、だいたい火星の軌道の外側あたりだと考えられています。この境界を雪境界線（スノーライン）といいます。

できた固体のダストは衝突・合体を繰り返して、だんだんと大きくなっていきます。こうして成長し、数kmの大きさになったもの（質量は10^{15}〜10^{18}kg程度）を微惑星といいます。雪境界線より内側では岩石と金属の微惑星が、雪境界線の外側では氷の微惑星ができてきます。ダストから微惑星への成長は10万年程度の、宇宙の歴史の中ではきわめて

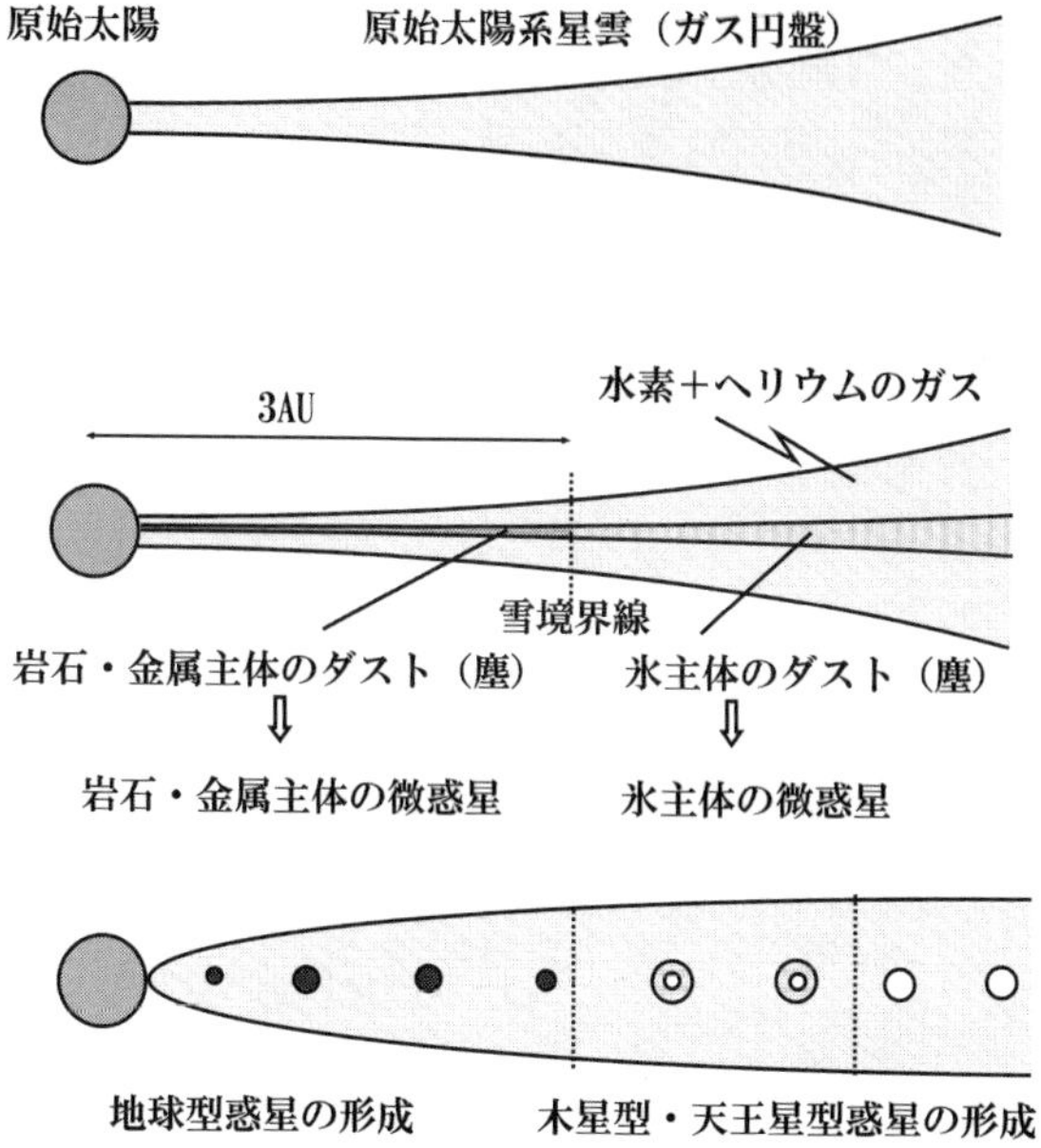

図４－３　微惑星の生成から惑星へ（『地球惑星科学入門』岩波講座　地球惑星学入門１と『宇宙と生命の起源』を参考に作成）

短い時間と考えられています。

微惑星の中でも大きいものは重力が強いので、さらに周りの微惑星を集めて暴走的に成長します。ある程度大きくなると周りの微惑星も少なくなり、成長の速さは鈍ってきます。太陽から遠い原始惑星ほど大きく質量が大きいので、集めることのできる微惑星が分布する範囲が広いのですが、惑星間の距離が大きいので成長に時間がかかります。

こうして原始惑星が形成されていきます。最初の原始惑星の質量は、岩石と金属からなる水星・金星・地球・火星のような地球型惑星で現在の地球質量の10分の1程度、木星と土星（木星型惑星）で地球質量の5〜10倍程度、氷（氷やメタンやアンモニアの固体）を主成分とする天王星・海王星（天王星型惑星）では15〜20倍程度です。また、原始惑星への成長時間は地球型で100万年、木星型で1000万年〜1億年、天王星型で1億年〜10億年と、太陽から遠いほど長い時間がかかります。

木星型惑星は、円盤部に残ったガス（水素とヘリウム）を大量に集めることによって、自分自身の周りに分厚いガスの層を持つようになります。地球型惑星は小さいために表面重力も小さく、いったんガスを捕らえてもまた宇宙に逃げられてしまうために、ガスをたくさん集めることができません。ではなぜ、地球に大気があるのかは第五章で見ていくことになります。また、天王星型惑星は惑星への成長が遅いために、その間にガスが周りから失われてしまい、あまりガスを集められません。こうして、太陽に近いところでは地球型が、太陽から遠いところでは天王星型が、その間では木星型の惑星ができることになるのです。

これまで述べてきた太陽系形成の話は、京都大学の林忠四郎（1920〜2010）たちのグループが組み立てた、いわゆる「標準モデル」といわれるものです。たしかに、太陽系の起源をある程度うまく説明できるモデルです。

現在、太陽系以外の惑星系もたくさん発見されています。中には太陽系とはまったく姿の違うものもあります。いずれにしても、太陽系だけを研究して構築された「標準モデル」について、他の惑星系と比較することによって、より客観的な検討ができるようになってきたわけです。これは、生命（生物）も同じです。もし、他の天体で生命が見つかれば、これは生命に対するこれまでの常識を覆す可能性があるかもしれない、生命をより客観的に見られるようになるということなのです。

太陽系には太陽に近い方から、水星、金星、地球、火星、木星、土星、天王星、海王星の8つの惑星があります。さらに、惑星ほど大きくはない準惑星として、ケレス（小惑星帯にあります）、さらに海王星の外側のエッジワース・カイパーベルト天体の冥王星、エリス、マケマケ、ハウメアの5つがあります。エッジワース・カイパーベルトでは、今後どんどん新しい準惑星が発見されていくと思われます。

地球の誕生

原始太陽系星雲の地球の位置では、岩石（ケイ酸塩＝ふつうの鉱物）と金属主体のダスト（塵）から微惑星がつくられていきます。原始地球も最初の小さいころは、岩石と金属が入り混じった状態でした。しかし大きくなって（質量が増えて）、重力が強くなっていくに従い、原始地球に次から次へと微惑星が衝突するようになります。衝突のエネルギーは熱となって原始地球を熱していきます。最初はその熱は宇宙にどんどんと放出されてあまり温度は上がりません。しかし、衝突により微惑星に含まれていた気体になりやすい成分（揮発成分といいます、水が主成分です）が微惑星から抜けて（脱ガスとい

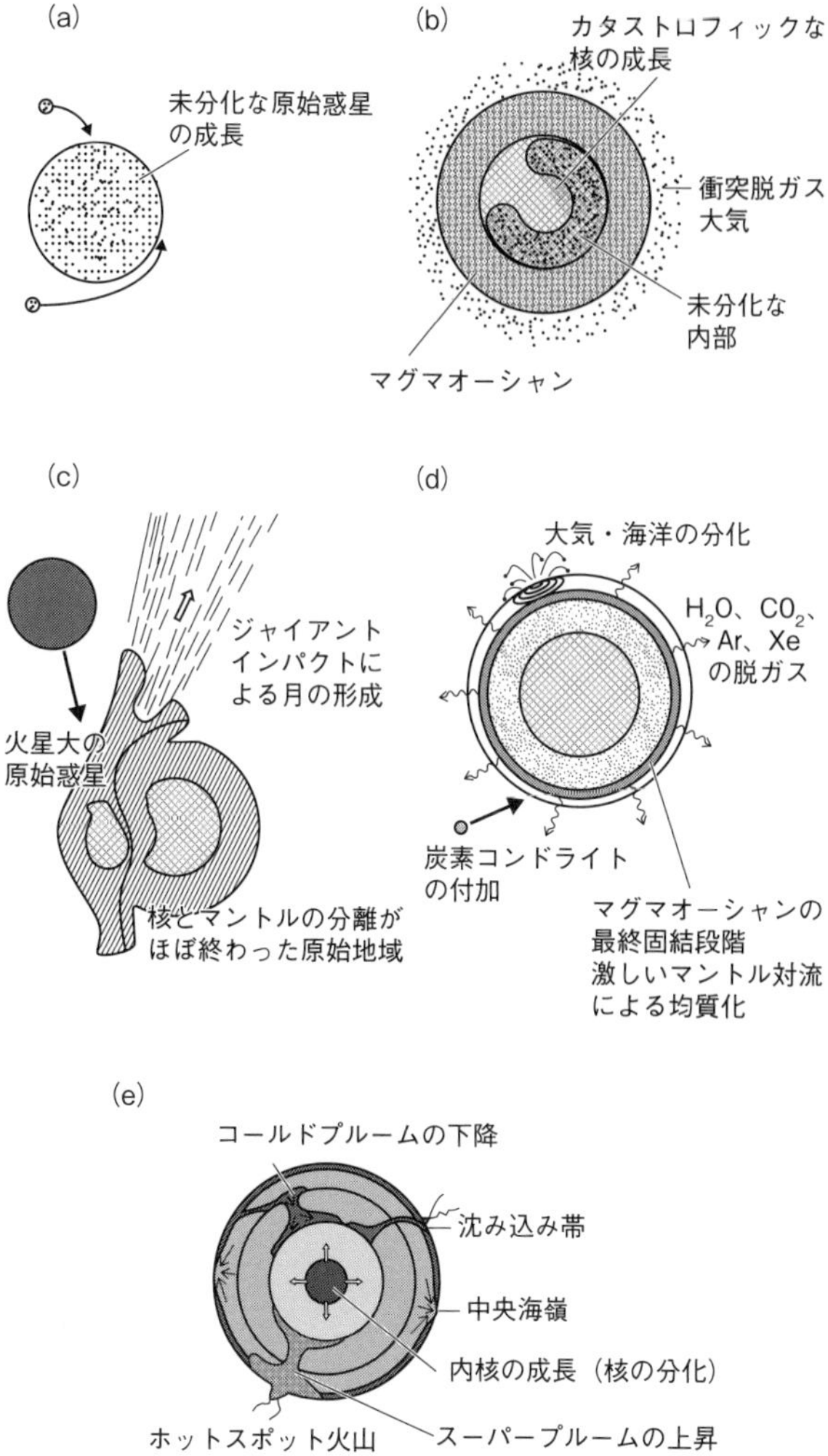

図４－４　地球の形成『地球惑星科学入門』（岩波講座　地球惑星科学１）を参考に作成

います）表面にたまってきます。このガスの主成分は水蒸気です。つまり、水蒸気の大気ができるのです。水蒸気は温室効果を持っています。温室効果とは、太陽からのエネルギー（熱）は入れるが、惑星から宇宙へ出るエネルギー（熱）は出さないというものです。この温室効果により、微惑星の衝突で発生した熱が宇宙に放射されずにこもるようになります。このようにして原始地球の表面の温度は岩石や鉄の融点を超え、表面全体がマグマになってしまいます。これがマグマオーシャン（マグマの海）です。地球全体が融けたのか、表面だけだったのかはよくわかっていません。でも、マグマオーシャンの深さは少なくとも数百km（地球の半径は６４００km）にもなったらしく、それより深いところもかなり軟らかくなったはずです。

マグマオーシャンの中では、密度の大きな鉄（やその他金属、おもにニッケルです）は下に沈み、金属よりも密度の小さな岩石は上に浮いてきます。こうした運動のために（位置のエネルギーが解放されて）熱が発生し、原始地球内部はさらにその熱で熱せられて、金属の核と岩石のマントルの分離は極めて短時間に（カタストロフィックに）起きることになります。短時間といっても数百万年です。それでも宇宙や地球の歴史からす

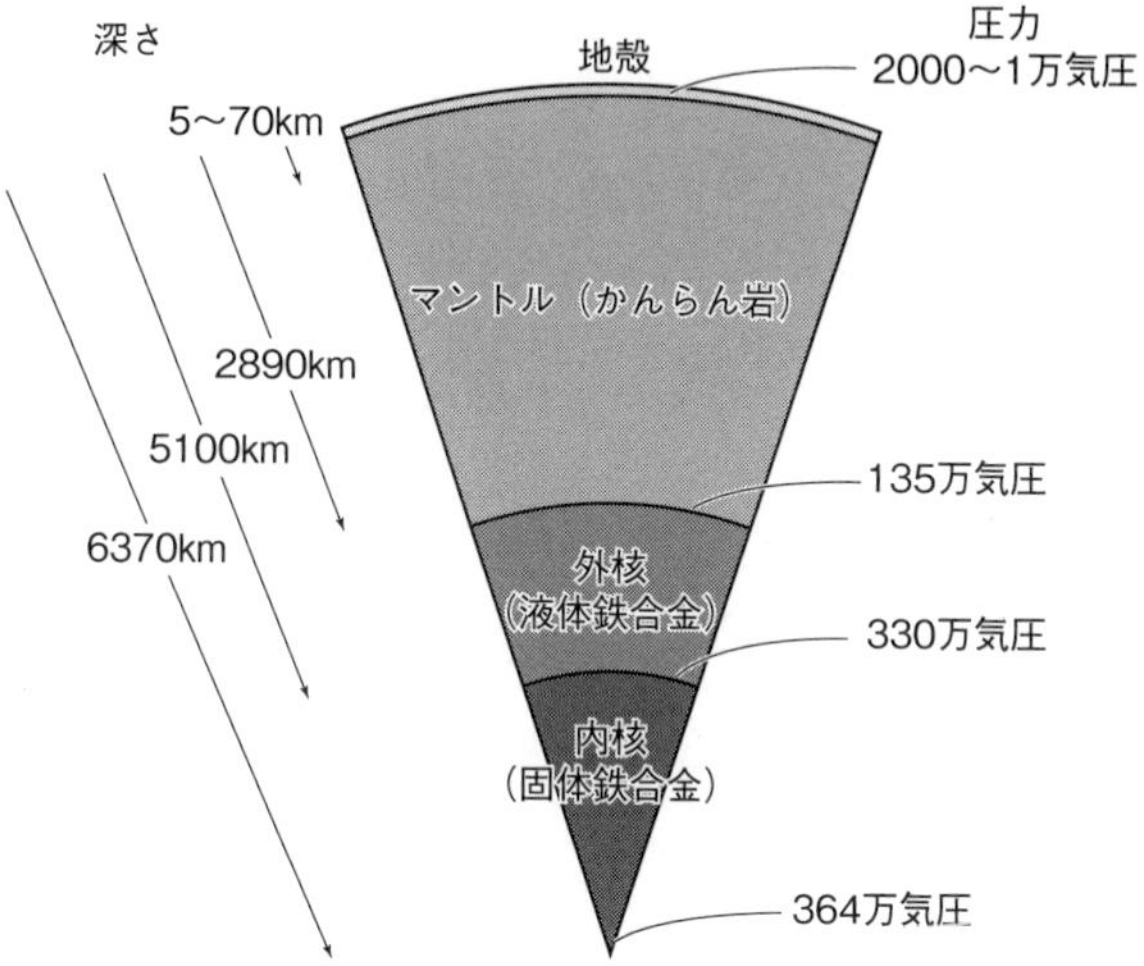

図４-５　地球の内部構造
大きく分けると金属の核、それを取り巻く岩石のマントル、さらに地球表面を薄く覆っている地殻という三層構造です。核は中心部の固体部分（内核）と、その周りの液体部分（外核）にわかれています。

れば一瞬といっていい短い時間です。

現在ではさらに、地球誕生時のごく初期の段階で、火星大の別の原始惑星との大衝突（ジャイアントインパクト、実際には正面衝突ではなく、斜めにかすめる形で衝突）があったともいわれています。このジャイアントインパクトが月を誕生させたのです。月はこのときにはぎ取られた原始地球のマントル物質（岩石）と、衝突した別の原始惑星のこれまたはぎ取られたマントル物質（岩石）の混合物が再び集積してできたらしいのです。このように考えると、太陽から同じ距離、つまり同じ材料（岩石と金属の微惑星）が存在していた所に誕生したはずの月には大きな金属核がないということがうまく説明できます。このときに融けた原始月の表面に浮いた密度の小さいマグマ（斜長岩が融けたもの）が、現在の月の地殻（月の高地の白っぽい岩石）になったと考えられています。この斜長岩の年代は約44億年前で、これがジャイアントインパクトが起きたとき、すなわち地球形成後のほんの間もないときでも、核とマントルの分離がある程度進んだころだということになります。

いずれにしても、このジャイアントインパクトの衝撃で地球全体が融けてしまいます。

また、このことによってもさらに核（鉄とニッケル）とマントル（岩石）分離が進むことになります。核とマントルが分離するとき、岩石となじみやすい元素（親石元素）であるNa（ナトリウム）、Al（アルミニウム）、Si（ケイ素）、Cl（塩素）、K（カリウム）、Ti（チタン）、Cr（クロム）、U（ウラン）などはマントル（さらに地殻）に集まってきます。逆に鉄となじみやすい元素（親鉄元素）である、Ni（ニッケル）、Co（コバルト）、Mo（モリブデン）、Au（金）、Pt（白金）などは核に集まります。もし、核まで穴を掘ることができたら（深さ２９００㎞の穴を掘らなくてはなりません。これまでに人類が掘った一番深い穴は12㎞です）、核にたくさんあるはずの大量の金や白金を手に入れることができるでしょう。いずれにしても核とマントルの分離のときに、元素の分配も行われたのです。

こうして地球の核とマントルの層構造ができたのは、ジャイアントインパクトより前の45〜46億年前（45・5億年前）と考えられていて、ここから地球の歴史が始まります。宇宙の歴史が１３８億年とすると、宇宙の始まりから約93億年経って、ようやく太陽系や地球ができたのです。

【惑星の材料隕石】

宇宙から地球に飛び込んできて、地表にまで到達したものが隕石《いんせき》です。ほとんどの隕石の起源は、火星と木星の軌道の間の小惑星帯です。隕石は何らかの原因で、そこを離れたものと思われています。小惑星帯の小天体は太陽系の初期の段階の状態をよく保っていると考えられているため、隕石の研究は重要です。

隕石は大きく分けて鉄隕石（隕鉄）と石質隕石に分類されます。鉄隕石は鉄を主成分に10％程度のニッケルを含むものです。断面を磨いて酸で処理をすると、ビドマンシュテッテン構造という特有の模様が見られます。これは鉄とニッケルの合金がゆっくりゆっくりと冷えた結果（100万年で数度〜数十度の割合で温度が下がった結果）、肉眼でも見えるほどの大きさの結晶になったものです。こんなに大きな鉄・ニッケル合金の結晶は人間には作れません。

石質隕石の大部分は、コンドリュールというケイ酸塩鉱物（ふつうの鉱物）の丸い粒を多く含んでいるコンドライトという分類のものです。地球の岩石の中ではマントルを作るかんらん岩の組成によく似ています。

このコンドライトの中に炭素質コンドライトというものがあります。隕石の中でも、太陽系の初期の状態を一番よく保存していると考えられています。その名の通り炭素を含むもので、

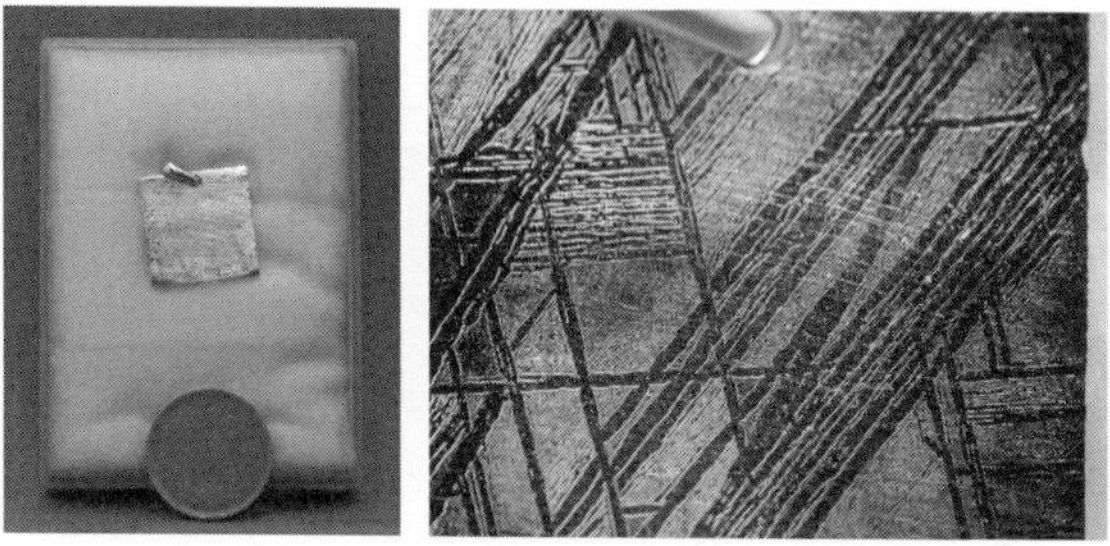

図４-６　鉄隕石とそのビドマンシュテッテン構造の拡大。筆者蔵・撮影

図４-７　炭素質コンドライト（1969年メキシコに落下したアレンデ隕石）東京大学総合研究博物館非南極隕石標本

しかも有機物の形をしているのです。地球上の有機物はほとんどが生物と関係しています。でも、宇宙には生物と無関係の有機物も存在している、その証拠となるものです。さらに炭素質コンドライトの中には5～10％、最大で20％もの水を含んでいる（鉱物の組成として取り込まれています）ものもあり、そういう面でも注目される隕石です。

いずれにしても、地球の核は鉄隕石のような微惑星が集まった部分、マントルは石質隕石のような微惑星が集まった部分と考えられます。

【惑星探査と生命の起源】

月や惑星の探査機の成果をマスコミが報道するとき、「生命の起源解明期待」（はやぶさ2が採取したリュウグウの砂に対する「朝日新聞」の見出し）、「太陽系の歴史や生命の起源の手がかり」（「読売新聞」の記事）などの表現が使われています。間違いとはいえませんが、これだけで太陽系や生命の起源に迫れるわけではありません。直接は結びつかないのです。これまでの、またこれからの多くの地道な努力が積み上げられて（サンプル採取と分析、その考察）、やっと手がかりになるというものです。一つの手がかりがつかめると、これによってまた謎も増える、この繰り返し、それが科学の歩んできた道のりです。すぐに太陽系や生命の起源といった結果を求めることは、間違いとはっきりといえます。宇宙や生命はそれほど簡単には正体を見せてくれないでしょう。

【月の存在の意義】

月は巨大な衛星です。木星や土星には月よりも巨大な衛星ガニメデやタイタンがあります。でもガニメデの半径は木星の約27分の1、タイタンの半径は土星の約23分の1です。それに対して月の半径は地球の約4分の1もあります。惑星の大きさに対する比を考えると、月はとても大きいのです。その月が地球のほぼ赤道面上を公転しているために、地球の自転軸は一定の向きを向いていられるのです。つまり、地球が生命誕生以後、生命の存在を脅かすほどの環境の変化がなかった理由の一つに、地軸が安定していたということがあり、それは月のおかげだったと考えられます。

もう一つ、月が生命の誕生にとって重要な役割があったという学者がいます。それは月の引力（厳密には月の引力の大きさの、地球上の場所による違い）によって生ずる潮汐力《ちょうせき》です。潮汐力によって潮の満ち引きが起こる、そのために満ち潮のときは海水に没し、引き潮のときは海面から出るような場所、いわゆる潮間帯ができ、そこが生命発生の場だったという考えです。潮間帯の中で、引き潮の時も海水が取り残された部分できる、ここにできた有機物がたまって、満ち潮になってもあまり拡散しない、やがて濃厚な有機物のスープができ、それが生命誕生に繋《つな》がったというのです。

【地球の年齢の推定】

放射性同位元素は、ある元素（親元素）が放射線を出しながら、別な元素（娘元素）に変わっていくものです。このとき、親元素の量が半分になる時間は一定で、その時間を半減期といいます。例えばウラン235は、半減期44・7億年で鉛206に変わっていき、ウラン238は、半減期7・04億年で鉛207に変わっていきます。この半減期は、熱や圧力、酸やアルカリなどでは絶対に変わりません。自然界においては変わることはない、またいかなる人為的な方法を用いても変えることができないのです。だからこそ、時《とき》を測る時計として使えるのです。

このような規則性があるので、現在の親元素や娘元素の量が測定できれば、過去へ向かって親元素や娘元素の量を遡《さかのぼ》ることは簡単にできます。問題はどこまで遡ればいいのかです。つまり最初にあった親元素や娘元素の量（初期値）をどう推定すればいいかです。

地球の年齢についてはこのように考えています。地球の核―マントルという層構造ができたとき、ウランは化学的な性質から鉄よりも岩石と一緒になりやすい親石元素なので、核には取り込まれずマントルに集まります。マントルではウランの娘元素である鉛は増え続けますが、

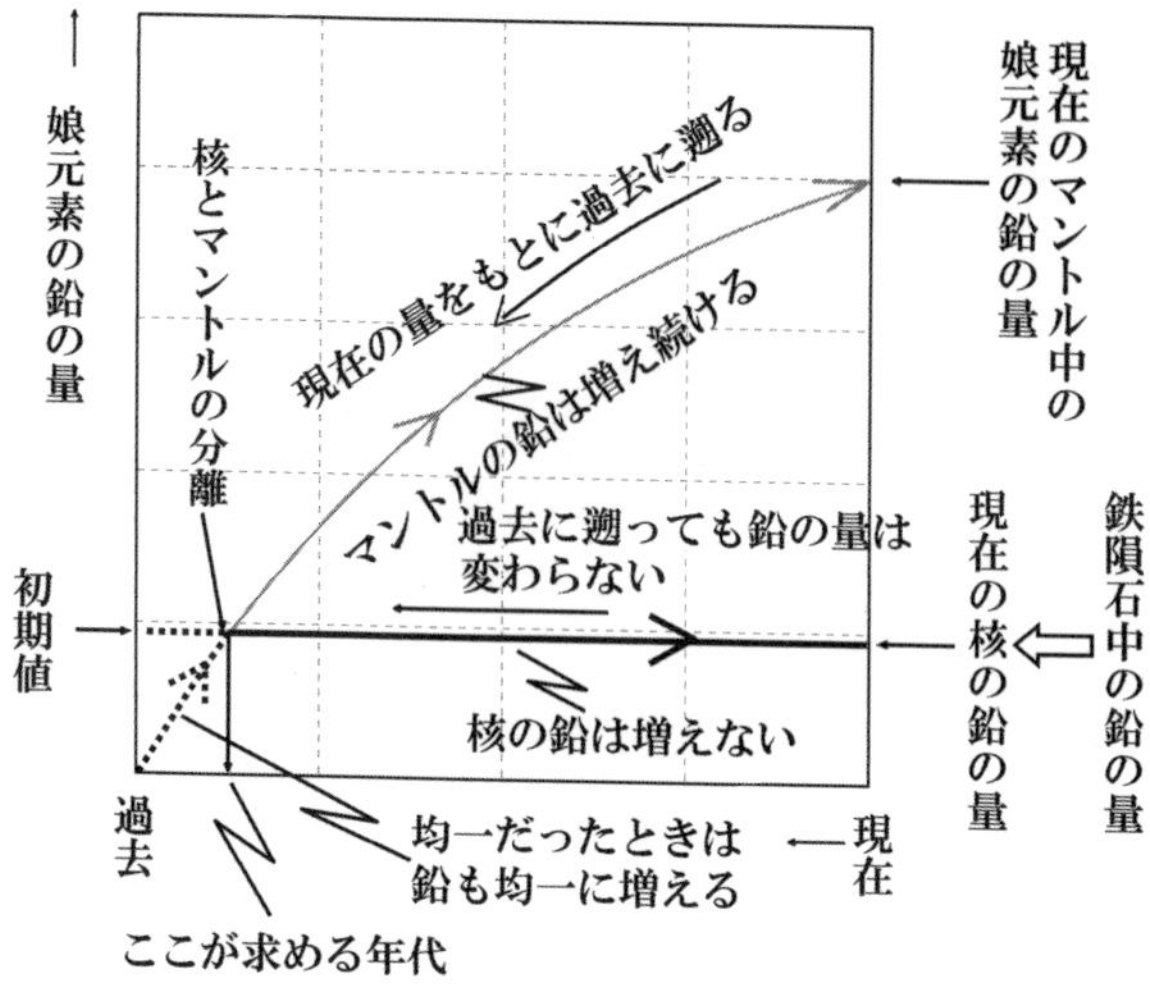

図4－8　地球の年齢の推定方法

核にはウランがないので鉛は増えません。核の中の鉛は、マントルと核が分離する以前、まだウランが地球全体に均一に分布していたときにできたものです。ですから、この鉛の量を初期値とします。

現在のマントルの娘元素の鉛の量は直接測定できませんが、地表で採取できる岩石から推定します。問題は核の鉛の量です。ここで地球の起源を思い出します。石質隕石＝マントル、鉄隕石＝核でした。実際、地表の岩石から推定した鉛の量と、石質隕石の鉛の量が同じになりました。これは、石質隕石＝マントルが正しいこと、だから、鉄隕石＝核としてもいいことがわかるので、核の鉛の量は鉄隕石のもので代用します。

こうして、現在のマントル中の鉛の量を過去に遡って、それと核の鉛の量が一致したところが、地球のウランが核に取り込まれずにマントルと核でウランの有無に違いができた年代とわかります。つまり、地球の年齢45億〜46億年前（45・5億年前）は、地球の層構造ができた、現在の地球らしい姿になったときからの年齢だということになります。

第五章　地球はなぜ人が住める星になったか

大気と海の起源

原始地球は、水素やヘリウムが主成分である原始太陽系星雲の中で集積します。しかし、現在の大気には水素やヘリウムはありません。つまり、地球の大気は原始太陽系星雲のガスを捕獲したものではないということです。大気や海は固体地球内部からの脱ガスによるものか、地球に衝突した隕石《いんせき》や彗星《すいせい》が持ってきたものかということになります。

ただ、現在の地球の水（ほとんどが海水）の質量（1・35×10^{21}kg）は、地球全体の質量（5・98×10^{24}kg）のわずか0・022％、大気（5・29×10^{18}kg）に至っては0・000088％でしかありません。量的には、地球内部からの脱ガスだとしても、隕石や彗星が持ってきたものだとしても、どちらでも説明がついてしまうほどの量なのです。海水や大気は「化石」としては残らないので、その起源と歴史はさまざまな推定をしていくことになります。

隕石の中には水（H_2O）を鉱物の形で持っているものがあります。鉱物の結晶中に分子（OHの形）としてH_2Oを固定していて、これを含水鉱物といいます。とくに炭素質コンドライトは、水を5〜10％程度含んでいます。地球の材料となった微惑星全体を平均しても、1％くらいの水が含まれていたと考えられています。つまり、地球の水の量0・022％と微惑星の水の量1％を比べると、地球を作った微惑星が含んでいた水の45分の1が抜ければ（脱ガスすれば）、量的には充分ということになります。

微惑星が原始地球に衝突するとその衝撃で加熱され、微惑星や原始地球の鉱物内部に取り込んでいた水をはじめとする揮発成分（気体になりやすい成分）が脱ガスします。そのときの組成はどのようなものでしょうか。ここでマグマオーシャンが大きな役割を果たすことになります。

マグマオーシャンが存在すると、マグマオーシャンに溶けやすい水の大部分はその中に溶け込んでしまいます。残った大気や溶け込んだ水はマグマオーシャンと反応します。マグマオーシャンの中に鉄が残っていれば、鉄が水から酸素を奪って鉄は酸化鉄になり、水は還元されて水素になります。こうして、大気は水蒸気よりも水素が、二酸化炭素よりも一酸化炭素が多い状態になります。

しかし、マグマオーシャンに鉄がない状態ではそのようなことが起きません。つまり、核とマントルの分離が起こってしまったあとでは、水蒸気や二酸化炭素という形での脱ガスということになります。一酸化炭素があったとしても水蒸気と反応して、二酸化炭素と水素になります。水素は軽いので、地球の重力では保持できずに宇宙空間に逸散してしまいます。核とマントルの分離は地球のごく初期の段階で起きたと考えられていますから（第四章「地球の誕生」参照）、脱ガスの主成分も水蒸気や二酸化炭素だっただろうということになります。

また、地球に微惑星が集積する時代の終わり近くになって、水をたくさん含む炭素質コンドライトや彗星の集中的な衝突が起こった可能性もあります。マグマオーシャンが冷えてくると、まだマグマオーシャンの中に残っていた水も水蒸気となり脱ガスしてきます。地球の水（と大気）の起源については、地球内部からの脱ガス説と、隕石や彗星などの外部からもたらされたという説の二つがせめぎ合っていて、確定したことはいえません。

いずれにしてもこうした脱ガスは、地球の初期の段階に集中的に起きたといわれています。そしてその後も、脱ガスは細々と現在も続いています。それは火山から噴き出す火山ガスです。マグマオーシャンから鉄が失われて以降（核とマントルの分離以降＝地球のごく初期以降）の脱ガス（火山ガス）の組成は、現在とそれほど変わらない水蒸気と二酸化炭素を主成分とするものだと考えられています。

でも、現在の地球の大気では78％が窒素、21％が酸素、残りの大部分（0・93％）がアルゴンです。水蒸気と二酸化炭素が主成分だった原始大気が、どのように変わって行ったのかは次と第七章で説明します。

水が地球を覆う

激しい微惑星の衝突の時代が終わると、マグマオーシャンはだんだんと冷えてきます。そして大気の主成分であった水蒸気は雲となり、猛烈な、まさに滝のような雨が何年も何万年も、もしかすると何百万年も続き、降った大量の雨水は川となって低いところに流れ、その水がたまって海ができてきました。原始地球の大気圧は水蒸気だけで270

気圧前後、二酸化酸素は30〜70気圧、合計で300気圧（3000mの深海の圧力に相当します）を超えていました。

現在の海の平均の深さは3800mです。海の面積は地球の表面積の70%ですから、海水で地球全体を覆うと深さは2700mになります。水圧は深さ10mごとに、1気圧ずつ増えていきます。ですから2700mの深さでは270気圧です。つまり地球の全表面が270気圧の水圧を受けることになります。水が水蒸気になっても重さは変わりません。そこで海水が全部水蒸気になると270気圧の大気圧になります。現在の大気圧は1気圧ですから、大気の重さ（↓質量）は、海水の270分の1ということになります。

水蒸気が水となり海ができると、大気中の水に溶けやすい成分はその中に溶け込むことになります。大気中に2番目に多い気体であった二酸化炭素も水に溶け込みます。そして、海水中のカルシウム（Ca）やマグネシウム（Mg）と反応して石灰岩（炭酸塩鉱物）となり、海底に沈殿して固体地球（地殻）の一部になります。結局、二酸化炭素も大気から取り除かれていきます。水蒸気が海水になり、二酸化炭素も石灰岩となって大気圧はだんだんと下がり、現在の1気圧に近づいて行くのです。

火山ガスには二酸化イオウ（SO_2）や塩化水素（HCl）が含まれています。これらが水に溶ければ硫酸、塩酸になります。実際、火山地帯の温泉にはこのために強い酸性を示すものが多いです。原始地球の最初の海水は強い酸性だったかもしれません。でも、強酸であればあるほど岩石と強く反応して（岩石を溶かして）、長い地球史の中では短い時間で中和されていきます。生物が誕生するころには、強い酸性の海ではなくなっているはずです。

なお、現在の海水は弱いアルカリ性です。でも、人類が出す二酸化炭素が海水に溶け込んで、海水を酸性にするのではないかと心配されています。

地球の大気は、原始大気から水蒸気と二酸化炭素がなくなり、水に溶けにくい窒素（N_2）が残って主成分となります。同じ地球型の惑星である金星や火星の大気の主成分が二酸化炭素であるのは、これらの惑星には二酸化炭素が溶け込む海がなかったためと考えられています。じっさい、金星や火星の大気中に2番目に多いのは窒素です。

図5－1は地球大気組成の変遷についての推定例です。二酸化炭素はじょじょに減っ

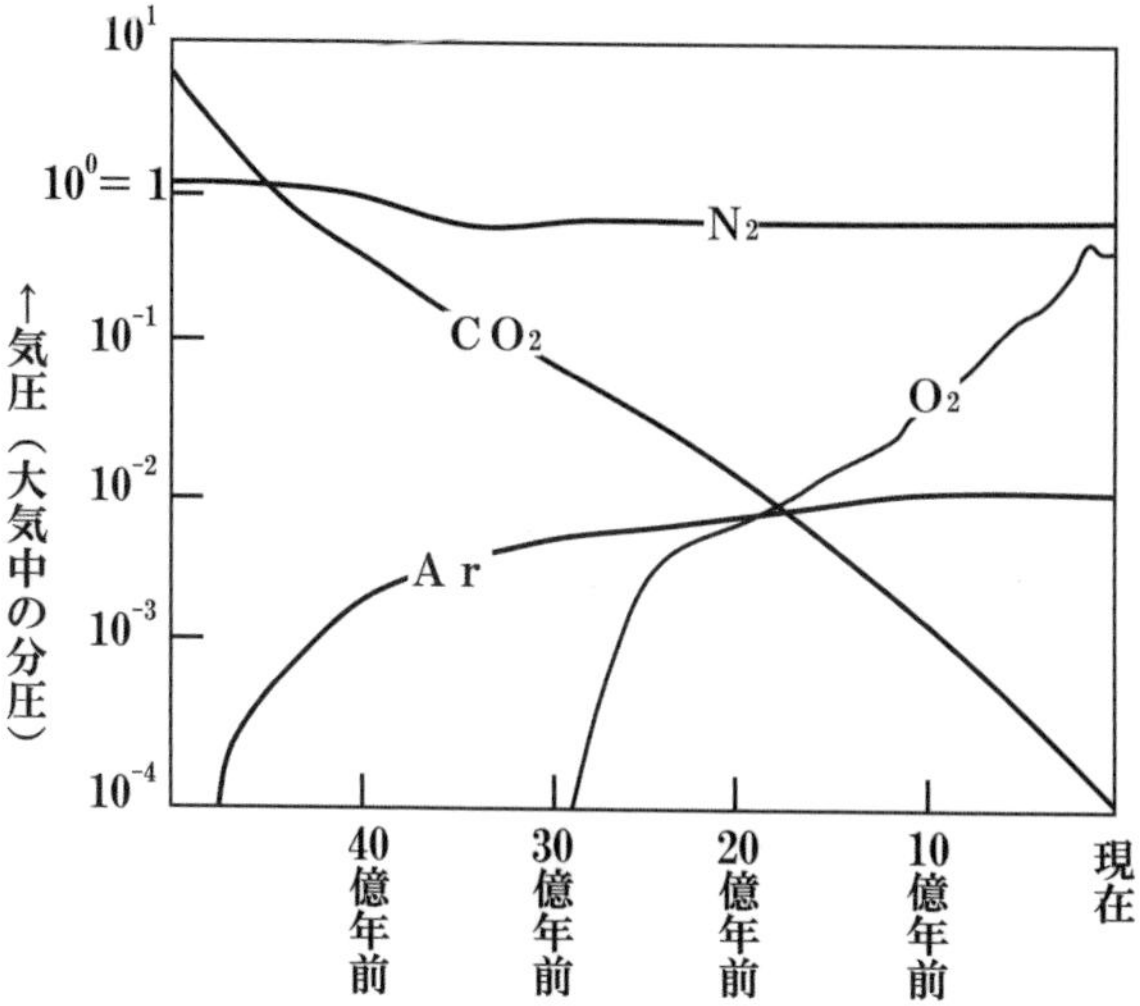

図5-1　推定されている大気組成の変遷（『地球の進化』岩波地球惑星科学13）をもとに作成

てきている、酸素はある時代から登場して増加しているという推定です。

二酸化炭素については、過去に多かったとしないと説明がつかないことがあります。地球誕生のころの太陽は今の70％程度の明るさ（70％程度のエネルギー放出）しかなかったことがわかっていて、そうすると原始海洋があっても全部が凍るほどの寒さになってしまいます。これでは生命の発生が難しくなってしまいます。これは「暗い太陽のパラドックス」といわれ、天文学者カール・セーガン（アメリカ、1934〜96）

が最初に指摘しました。だが実際は、過去の大気中の二酸化炭素は今よりはるかに多かった、その温室効果で地球の温度は今とあまり変わっていなかっただろうと考えられています。そして、太陽がじょじょに明るさを増すにつれ、大気中の二酸化炭素はだんだん減ってきたというわけです。少なくとも生命の誕生以後地球の温度に、生物が全滅するほどの大きな変化はなかったということになります。ただ、生命発生後の地球が極端に冷えた時代はあったらしく、全地球が雪や氷で覆われる時代（スノーボールアース）もあったらしいのですが、それでも生物は今日まで生き残りました。

ではいつから今のような海があったのでしょう。海の間接的な証拠が岩石（鉱物の集合体）に残ることがあります。しかし地表の岩石は、風雨によって侵食されるために古い岩石はなかなか残らないのです。岩石は古いものほど見つけにくいのです。

世界最古の岩石は、カナダ北西部のアカスタ地域で採集されたアカスタ片麻岩で、その年代は約40億年前（40・1億±0・7億年、名古屋大学地球環境研究所年代測定研究部）です。片麻岩は変成岩と呼ばれる岩石の一種です。変成岩とはある岩石が熱や圧力のために別な岩石に変わったものです。アカスタ片麻岩のもととなった岩石は花こう岩です。

花こう岩は大陸地殻を構成する岩石で、海洋地殻をつくる玄武岩とは違います。ですから、すでにこのころから海と陸があった可能性が高いということになります。

次に古い岩石は、グリーンランドのイスア片麻岩で38・5億年前です。イスア片麻岩のもとは堆積岩です。堆積岩は海でできる岩石です。38・5億年前よりも古い時代には海があったことはほぼ確実です。

アカスタ片麻岩の年代は、その岩石中のジルコンという鉱物で測定されました。ジルコンはとても丈夫なので、できたときの状態をよく保ち、微量ですがウランを含むために年代測定によく使われるのです。

さらに、西オーストラリアのジャックヒルズというところから採集されたジルコンは、それを含んでいた岩石よりもはるかに古い44億年という年代を示しました。ジルコンは花こう岩や安山岩などの陸を作る岩石に含まれ、海の玄武岩には含まれません。地球ができて間もない44億年前にはすでに陸と海があった可能性が高いです。

ただ、海水の量の変遷については、昔からあまり変わっていないという説の他にも諸説あってよくわかっていません。

海水の組成の歴史

海水中にはさまざまな元素がイオンの形で溶け込んでいます。そのうち、ナトリウム（Na^+）、カリウム（K^+）、マグネシウム（Mg^{2+}）、カルシウム（Ca^{2+}）などの陽イオンは、河川が陸の岩石の成分を溶かし込んで運んできたものです。海水中の陽イオン濃度は、ずっと一定だったと考えられています。これは、河川水に溶け込んできたイオンの量と同じだけの海水中のイオンの量が、海水から取り除かれている（海底で沈殿している）からです。こうした状態を平衡といい、生物の細胞の中が代謝によって一定な状態に保たれているのと同じです（第一章）。

海水中の塩素（Cl^-）、硫酸（SO_4^{2-}）、炭酸水素（HCO_3^-）などの陰イオンは、火山ガスの成分が溶け込んだものです。これだけだと強酸性の海水になってしまいます。しかし、前に書いたように強酸性の海水は岩石を溶かすことによって速やかに中和されて、今日の姿になっていきます。いったん平衡に達すると、あとは長い間その状態を続けることになるのです。

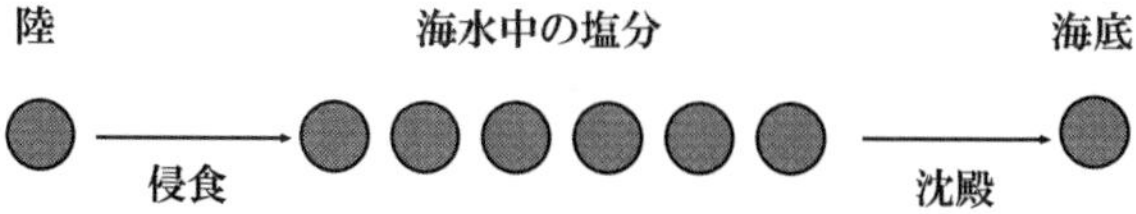

図5-2　海水中の塩分（イオン）は平衡状態にある

海水中の陽イオンは数百万年から数千万年で入れ替わっています。だから、海水の組成は大昔から平衡になっていた、海水はごく初期の段階から現在の海水と同じようなものであった可能性が高いということになります。さらに大気の組成も、酸素がないことを除けば、窒素を主成分とし、二酸化炭素が今よりは多い程度と、おおざっぱに見れば現在とあまり変わらないということになります。

ただ海の色については、初めから現在のような青い海であったという説と、酸素がない原始地球では海水中に鉄イオンがたくさんあり、そのために緑色をしていたという説があります。

なお図5-3からもわかるように、海水がしょっぱい、煮詰めると食塩が得られるのは、海水に食塩が溶け込んだためではありません。海水中の塩分うち、陽イオンで一番多いのは Na^{+}、陰イオンで一番多いのは Cl^{-} なので、煮詰めるとこの二つがくっついて食塩（NaCl）になるのです。

【二酸化炭素の除去】

大気中の二酸化炭素は雨水に溶けて、石灰岩（方解石、$CaCO_3$）を溶かします（①式）。溶けた石灰岩はカルシウムイオンと炭酸イオンになって海に運ばれます。海に運ばれたカルシウムイオンと炭酸イオンは、再び石灰岩と二酸化炭素、水に戻ります（②式）。これでは大気中の二酸化炭素は減りません。

しかし、地表では石灰岩よりも多いケイ酸塩鉱物（ケイ素と酸素を含む鉱物）も風化されます。例えばケイ酸カルシウム（$CaSiO_3$）も、雨水によって溶けて海に運ばれます（③式）。これらを全部合わせると、海では石灰岩とチャート（SiO_2）が沈殿し、大気から二酸化炭素が除去されることがわかります（④式）。

【二酸化炭素の循環】

大気から二酸化炭素が取り除かれる一方では、そのうち大気から二酸化炭素はなくなってしまいます。しかし海底でできた石灰岩は、プレートの運動によりマントルに沈み込んで他の岩石と一緒に熱せられてマグマとなり、石灰岩はマグマの熱で分解して二酸化炭素を出し、その二酸化炭素は

（1）石灰岩の風化

石灰岩＋二酸化炭素＋水　→　カルシウムイオン＋炭酸イオン

$$CaCO_3 + CO_2 + H_2O \rightarrow Ca^{2+} + 2HCO_3^- \quad \cdots ①$$

（2）海水中のカルシウムイオンと炭酸イオンの沈殿

$$Ca^{2+} + 2HCO_3^- \rightarrow CaCO_3 + CO_2 + H_2O \quad \cdots ②$$

（3）ケイ酸塩鉱物（ケイ酸カルシウム）の風化

$$CaSiO_3 + 2CO_2 + H_2O \rightarrow Ca^{2+} + 2HCO_3^- + SiO_2 \quad \cdots ③$$

（4）海水中の反応（②＋③）

$$Ca^{2+} + 2HCO_3^- + CaSiO_3 + 2CO_2 + H_2O$$
$$\rightarrow CaCO_3 + CO_2 + H_2O + Ca^{2+} + 2HCO_3^- + SiO_2$$

（5）両辺から同じものを削除　⇩

$$\cancel{Ca^{2+}} + \cancel{2HCO_3^-} + CaSiO_3 + \cancel{2}CO_2 + \cancel{H_2O}$$
$$\rightarrow CaCO_3 + \cancel{CO_2} + \cancel{H_2O} + \cancel{Ca^{2+}} + \cancel{2HCO_3^-} + SiO_2$$

⇩

$$CaSiO_3 + CO_2 \rightarrow CaCO_3 + SiO_2 \quad \cdots ④$$

図５－３　岩石の風化による二酸化炭素の除去

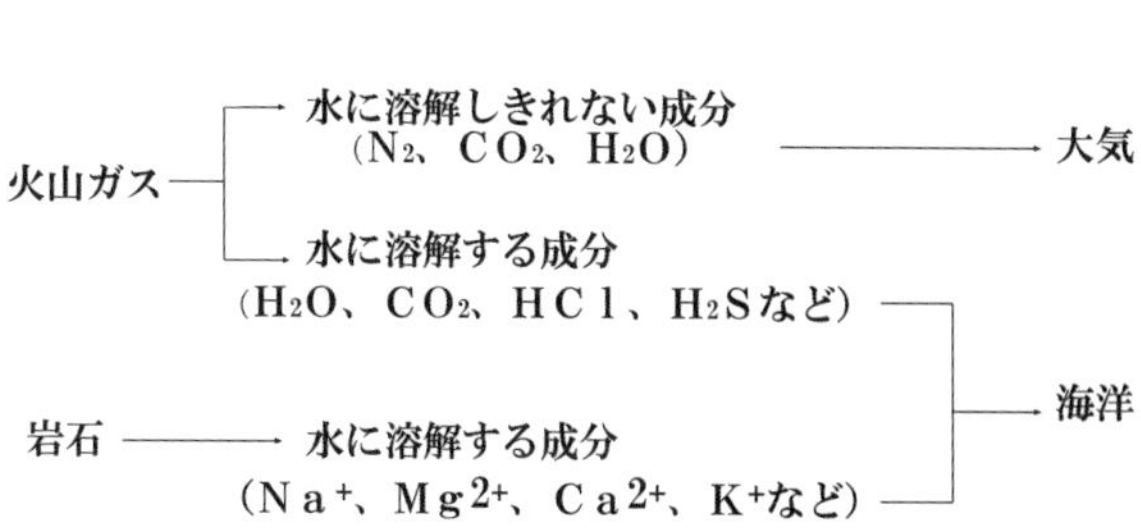

図５－４　二酸化炭素の循環による気温の安定

火山ガスとなって再び大気に戻るのです。

マントルから大気に戻る二酸化炭素の量はほぼ一定です。でも、風化の速さ（化学反応の速さ）は、そのときの地球の温度が高いほど速く、温度が低いと遅いのです。そのため、何らかの原因で地球の温度が上がると、大気中の二酸化炭素が取り除かれる量の方が、火山ガスとして大気に戻る量よりも多くなり、これによって大気中の二酸化炭素が減って温室効果も小さくなり、地球の気温は下がる方向（もとに戻る方向）に変化します。逆に、何らかの原因で地球の気温が下がったときは、地球の気温が上がる方向に変化します。こうした二酸化炭素の循環により、地球の温度はほぼ一定に保てているのです。つまり、負のフィードバックが効いて安定な状態になっていることがわかります。こうしたことが、生命現象に似ているということから、生命を含めて地球全体を大きな生命ととらえる考えもあります（ガイア説）。でも、主系列星の核融合反応の安定的持続など、自然界で長く続く現象（システム）には負のフィードバックが効くような仕組みがあるのは当然なので、とりわけ地球全体を生命体と考える必要はないでしょう。

冷えていく地球と大陸の形成

固体地球の歴史は、地球が冷えていく歴史でもあります。地球内部の熱はマントル対

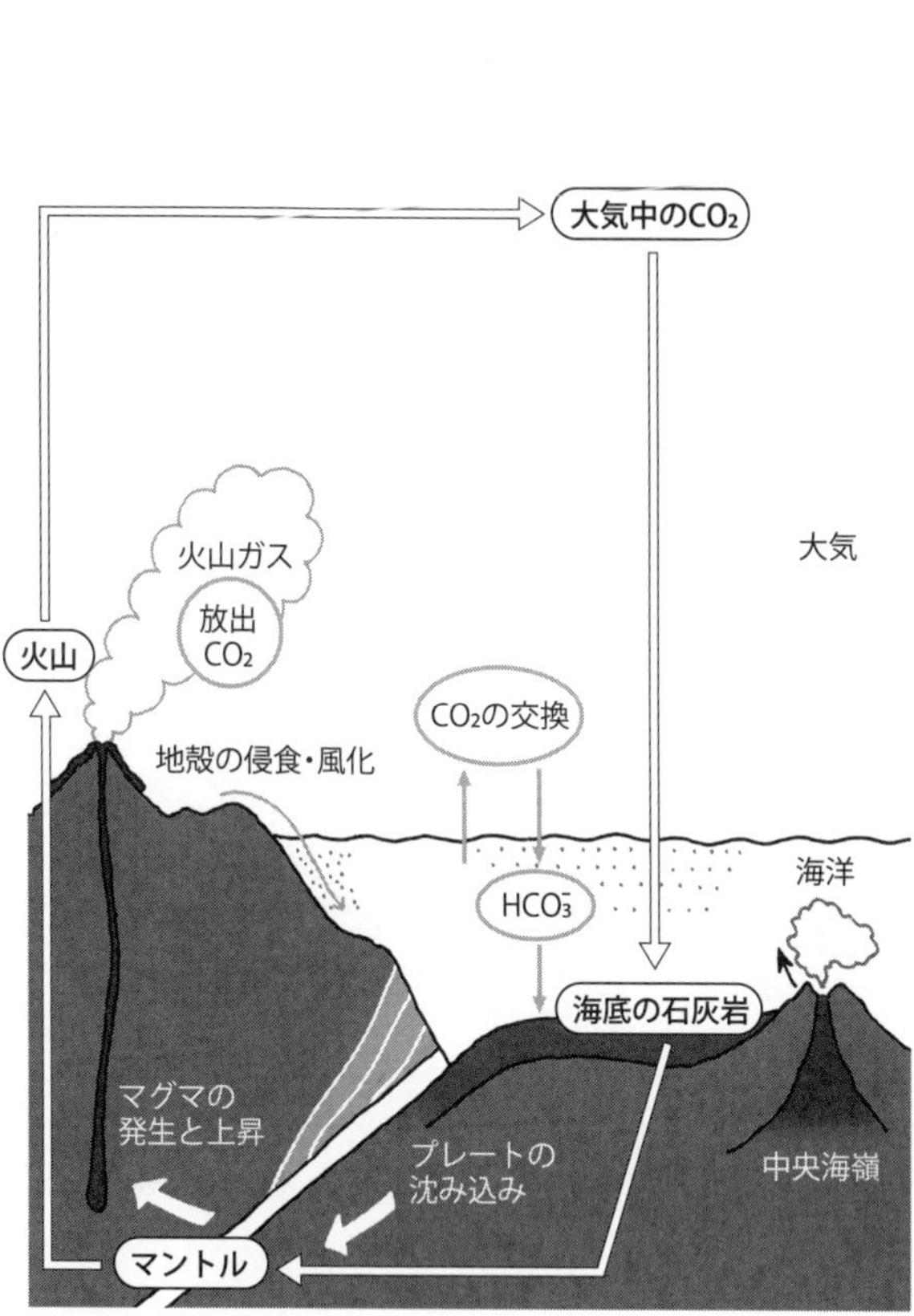

図５-５　二酸化炭素の循環

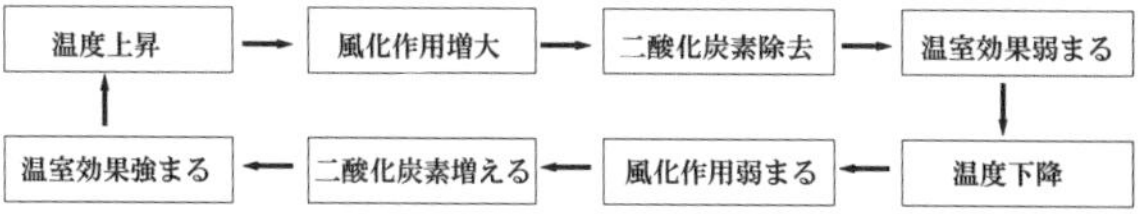

図５-６　二酸化炭素の安定による気温の安定

流（プルーム）によって地表へ運ばれ、そして宇宙に放射されて地球は冷えていきます。その過程で火山活動を起こしたり、また地震を起こしたり、さらには大陸の配置を変えたりもします。地球は熱機関でもあるのです。その熱源は、地球形成時に微惑星が衝突したときの余熱と、地球に含まれる放射性同位元素の崩壊熱です。マントル対流によって熱はある程度効率よく運ばれますが、それでも岩石は熱を非常に伝えにくいので余熱がまだ残っています。一方、放射性同位元素は核にはなく（放射性同位元素は鉄隕石には含まれない）、マントルにもほとんどなく（石質隕石にもほとんどない）、地殻、それも花こう岩質の岩石に集中しています。だから、マントル対流を起こすエネルギー源は、地球形成時の余熱がおもだといってもいいでしょう。

マグマオーシャン時代は、マントルをつくるかんらん岩もすべて液体のマグマになっていました。やがてマグマオーシャンは冷えてかんらん岩になっていきます。でもまだ熱いかんらん岩は容易に融けてかんらん岩質マグマになります。このマグマが地表で急に冷えてできた火山岩がコマチアイトです。コマチアイトは非常に珍しい岩石で、25億年前以上の時代のものばかりです。つまり地球がまだ熱く、かんらん岩が全部融ける

1600℃以上になる部分もあったことを示す岩石なのです。

マグマオーシャンが固まり、マントルが冷えたあとはどうでしょう。今度は、固体になったマントルのごく一部が融けてマグマが発生するようになります。岩石は鉱物の集合体であることは前に書きました。当然鉱物によって融点が異なります。さらに鉱物自体も成分が入り混じっているものがあります。例えば、かんらん岩を作る主要鉱物のかんらん石は、鉄かんらん石（Fe_2SiO_4）と苦土《くど》かんらん石（Mg_2SiO_4）が入り混じったものです（なお、苦土とはマグネシウムのことです）。かんらん石のように成分が入り混じっているものを固溶体といいます。固溶体には特定の融点がなく、熱していってある温度になると一部が融け始め、熱し続けて温度を上げていくとだんだんと融ける量（液体）が多くなり、さらに熱し続けてある温度に達するとようやく全部が融けて液体だけになります。逆に、全部が液体になった固溶体を冷やしていくと、融け終わった温度で一部が固体になり始め、融け始めた温度まで冷えると全部が固体になります。固溶体は水のように0℃という融点・凝固点を持つものとは、融け方・固まり方が違うのです。

地球が冷えていくとかんらん岩がそのまま全部融けることはなくなり、かんらん岩の一部が融けてマグマが発生するようになります。かんらん岩は、融け始める温度と融け終わる温度には数百度の差があります。マグマが発生するときにはまず融けやすいものから融け出すので、融け始めにできた液体（マグマ）の成分はかんらん岩の成分と違います。かんらん岩が約30％ほど融けてできた液体（マグマ）は玄武岩質のマグマになります。さらに玄武岩質マグマが冷えていくときは、固体（結晶）になりやすい成分から固まっていきます。つまり、玄武岩質マグマからいろいろな種類の火成岩（マグマが冷え固まってできた岩石）ができることになります。こうして玄武岩以外に安山岩や花こう岩もできるようになります。マントルのかんらん岩が融けてできたマグマから、かんらん岩とは違う岩石ができてくるのです。

かんらん岩よりも玄武岩の方が密度が小さく、玄武岩よりも花こう岩の方が密度が小さいので、玄武岩や花こう岩はマントルに浮く形になります。このマントルから絞り出されたマグマが、地球の表層部の地殻といわれる部分を作っているのです。

海洋と大陸では地殻構造が違います。海洋地殻には玄武岩（と同じ組成のはんれい岩）の岩しかありません。厚さも5～7㎞程度です。一方大陸地殻には、玄武岩質の部分

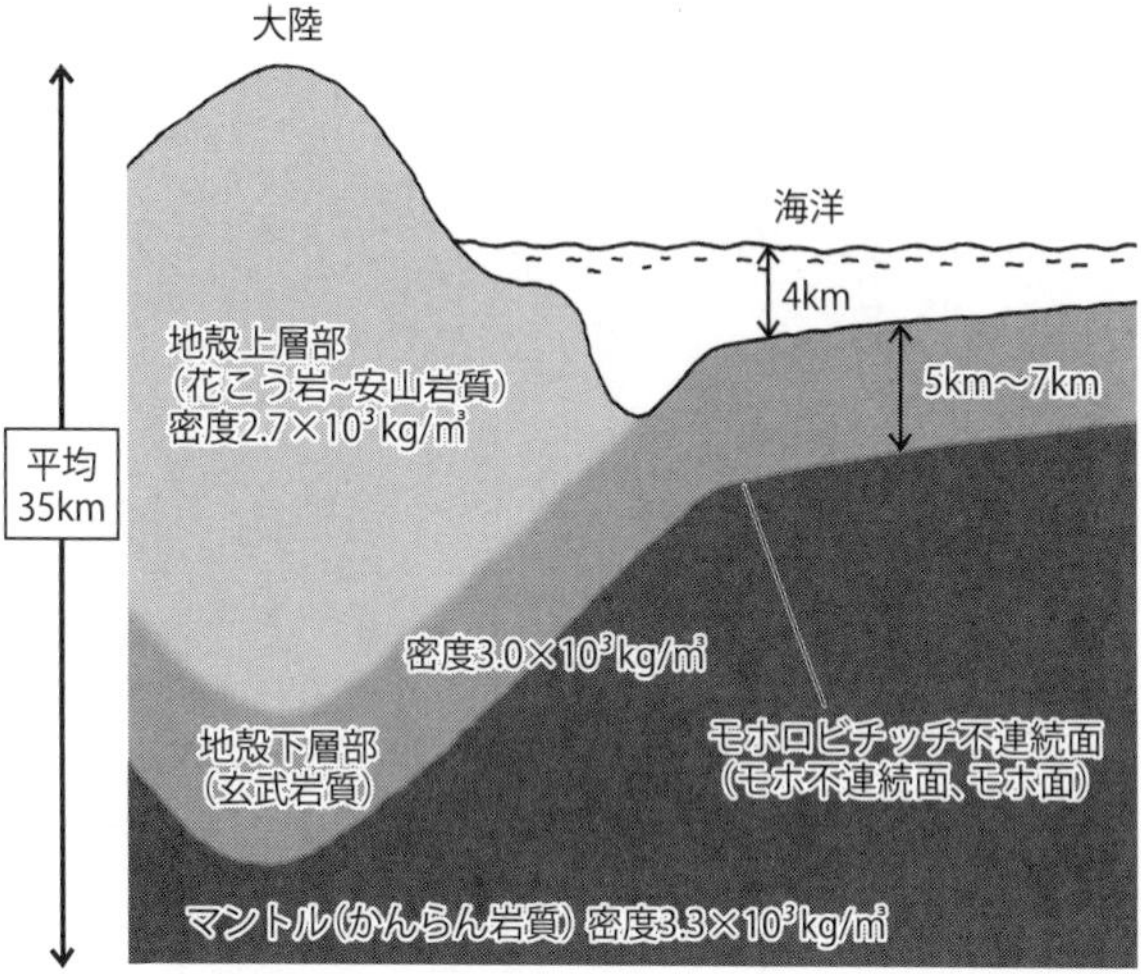

図5-7　地殻の構造

（地殻下層部）の上に、30㎞程度の厚さの花こう岩質（花こう岩から安山岩）の岩がのっています（地殻上層部）。厚さも30㎞程度、分厚いところでは70㎞に達するところもあります。

そして、標高が高いところほど地殻は厚いのです。それは、あたかも水に浮かぶ氷山のようです。地殻はマントルに浮いて釣り合っているのです。これをアイソスタシーといいます。地殻とマントルの境界を、発見者の名を取ってモホロビチッチ不連続面といいます。だから、大陸ではモホロビチッチ不連続面は深く、海洋では浅いといい換えることができます。観点を変えると、たんに地球の低地に水がたまった海となったのではなく、陸と海とでは地殻の構造も違っているということになります。

では、いつこうした大陸ができはじめたのでしょう。地球最古の岩石は40億年前の片麻岩で、その片麻岩は花こう岩が変成してできたものでした。花こう岩は大陸を作る岩です。つまり、大陸の地殻を作る岩石は、40億年前にもうできていたということになります。水があるとマグマ、とくに花こう岩質のマグマが発生しやすいので、マグマオーシャンが冷えたころにはすでに花こう岩があったのかもしれません。ジャックヒルズのジルコンは44億年前でした。ジルコンは花こう岩に含まれることが多い鉱物です。ですから、地球ができて間もないころにはもう花こう岩があった可能性が高いです。すなわち、マグマオーシャンは速やかに冷えて固まる、でもその一部ではかんらん岩が融けてマグマが発生する火成活動が始まり玄武岩や花こう岩を作っていった。そしてこの花こう岩が陸地（大陸）を作った、つまりこれは同時に海もできたということになるのです。その時代は少なくとも40億年以上前であることはほぼ確実です。もしかすると最古のジルコンができた44億年よりも前、地球ができて1億年後くらいかもしれないということになります。

【火成岩の分類】

火成岩の名前をたくさん出したので、まとめておきます。火成岩はマグマが冷え固まってできた岩石です。まず、冷え方で分類します。マグマが地表に噴き出たりして急激に固まったものを火山岩といいます。急に固まったので結晶になれないガラス質の部分と、すでにマグマの中で結晶になっていたものが混ざった状態（斑状組織）をしています。一方地下深くでゆっくり固まると、同じような大きさの大きな結晶が集まった構造になります（等粒状組織）。

もう一つ、二酸化ケイ素（SiO_2）の含有量（重量パーセント）でも分類します。二酸化ケイ素が45%以下を超マフィック（超苦鉄質）、45%〜55%をマフィック（苦鉄質）、55%〜66%を中間質、66%以上をフェルシック（珪《けい》長質）とします。ただ、こうしたパーセントでの区分は連続して変化しているものに対して、分類するときにどこかで線引きしなくてはならないという人間の都合で決めたものです。ですからその値そのものには意味はありません。

この岩石の構造と、二酸化ケイ素の含有量を組み合わせて、火成岩を分類しています。実際の岩石名と、その岩石が含む鉱物については図5－8を参照してください。

マントルの運動

マントルは岩石です。すなわち固体です。じつは固体と液体の境界は、液体と気体の境界ほどはっきりしたものではありません。蜂蜜やガラスは温度を上げていくとだんだん柔らかくなっていき、流れ出すようになります。氷河も氷が底で滑っているのではなく、氷が固体のまま流れているのです。流れるといっても、1年で数mから数十mなので、見ていても流れていることはわかりません。わからないほどゆっくりゆっくり流れているのです。

同じように固体である岩石も、長い時間の間には流れます。地球は中心に近づくほど温度が高いので、その熱をマントル対流で地表に運び宇宙へ逃がしています。対流しているといっても、氷河よりも遅い1年で数〜10㎝程度というゆっくりゆっくりとした速さです。その対流の様子が、最近の地震波CTという技術で見えるようになってきました。それを見ると水の対流のように連続したものではなく、プルームという巨大な塊が断続的に移動するようです。

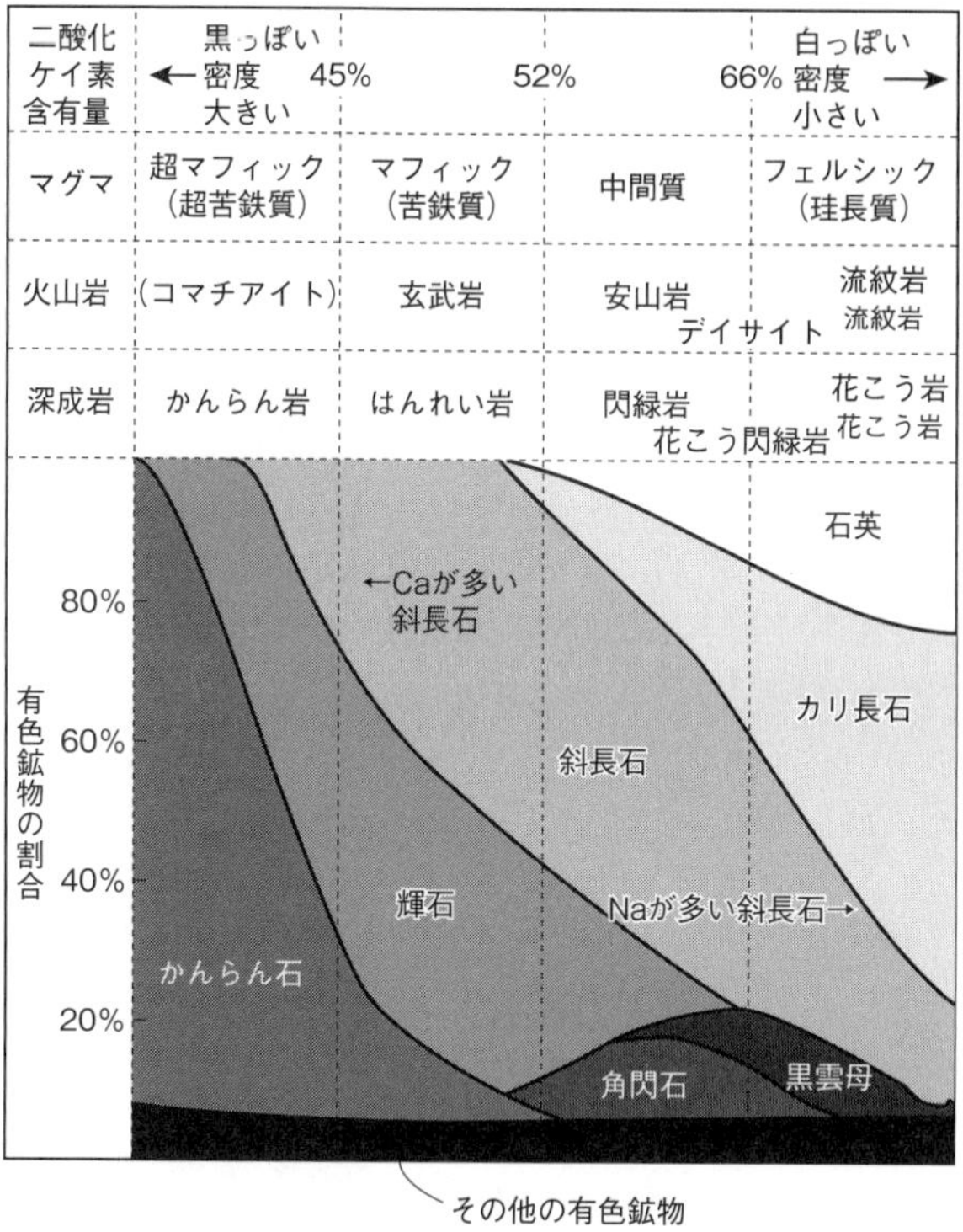

二酸化ケイ素含有量
黒っぽい
密度大きい
45%
52%
66%
白っぽい
密度小さい
マグマ
超マフィック（超苦鉄質）
マフィック（苦鉄質）
中間質
フェルシック（珪長質）
火山岩
（コマチアイト）
玄武岩
安山岩
デイサイト
流紋岩
流紋岩
深成岩
かんらん岩
はんれい岩
閃緑岩
花こう閃緑岩
花こう岩
花こう岩
80%
60%
40%
20%
有色鉱物の割合
石英
←Caが多い斜長石
カリ長石
斜長石
輝石
Naが多い斜長石→
かんらん石
角閃石
黒雲母
その他の有色鉱物

図5-8　火成岩の分類

地表近くで冷やされたプレート（後述）は一度深さ640km程度のところでたまり、それがある程度の大きさになると一気にマントルの底へ沈んでいきます。一気にといっても1年で数cmの速さです、それでもマントルの底（外核の表面）まで4000～5000万年程度しか（！）かかりません。これがコールドプルームです。その反対に、マントルの底（外核の表面）が周りよりも温度が高い部分が上昇します。これがホットプルームです。

地球の表層部は十数枚のプレートという固い岩盤に覆われています。地殻とマントルは、それぞれを構成している岩石が違います。プレートは、地殻＋マントル最上部が一体となって動く運動のユニットです。そのプレートは、ホットプルームやコールドプルームというマントルの対流に基本的には支配されて動いています。プレートが割れているところからは、マントル物質がわき上がって新しいプレートを生産しています。ここが海底の大山脈である海嶺《かいれい》です。プレートは地表で水平に移動し、そしてだんだん冷やされて重くなり、やがてマントルの中に沈んでいきます。ここが海溝です。海嶺や海溝では火山活動、地震活動が活発に起こります。プレートに大陸や島がのっているとプレ

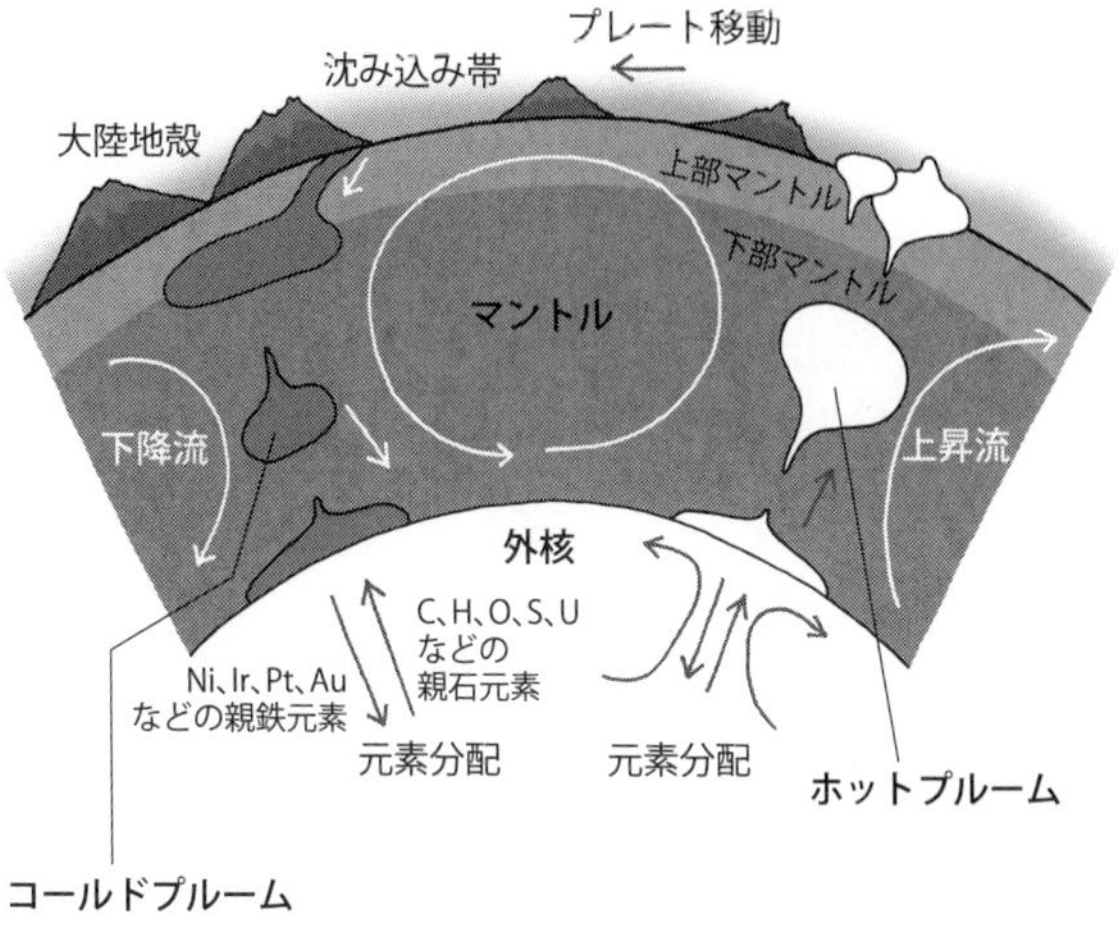

図5-9　ホットプルームとコールドプルーム

ートの動きとともに移動することになります。大陸は水面に浮かぶ芥《あくた》のように、どこかに集まったり、また離散したりということを、数億年の周期で繰り返しています。これをウィルソンサイクルといいます。

プレートの運動によって生ずる火山活動や地震、さらには大陸の移動などの地質現象を統一的に説明しようとするのがプレートテクトニクスです。

プレートの運動、さらにはプレートを動かしているマントルプルームは、地球内部の熱を効率よく宇宙へ逃がす役割を果たしています。ただ、こうした運動が地球のどの時期に始まったのか、さらには生物の発生にとってどのような役割を果たしたのかについてはよくわかっていません。一方、大陸の集合・離散の繰り返しが、生物の進化にとっては重要な役割を果たしたことは確かです。

地磁気というバリア

方位磁石が北を指すのは地球が大きな磁石だからです。地球内部のようなキュリー温度よりも高温状態では永久磁石はあり得ないので、地球は電磁石だということになります。電磁石ということは、地球内部に電流が流れていなくてはなりません。地球内部の核（内核・外核）は鉄を主成分とする金属ですから、電流を流すことができます。そこで、液体である外核を流れる電流が、地球の磁場を作っていると考えられています。

地球は中に巨大な棒磁石（双極子）が埋まっているのとほぼ同じ磁場です。その磁場が磁気圏、つまり磁場のバリア（シールド）を作って太陽風から地球を守っているのです。太陽風とは太陽から飛び出した荷電粒子の流れです。太陽風の実体は陽子、ヘリウムの原子核（α《アルファ》線）や電子（β《ベータ》線）などの放射線です。これらがふつうは秒速500

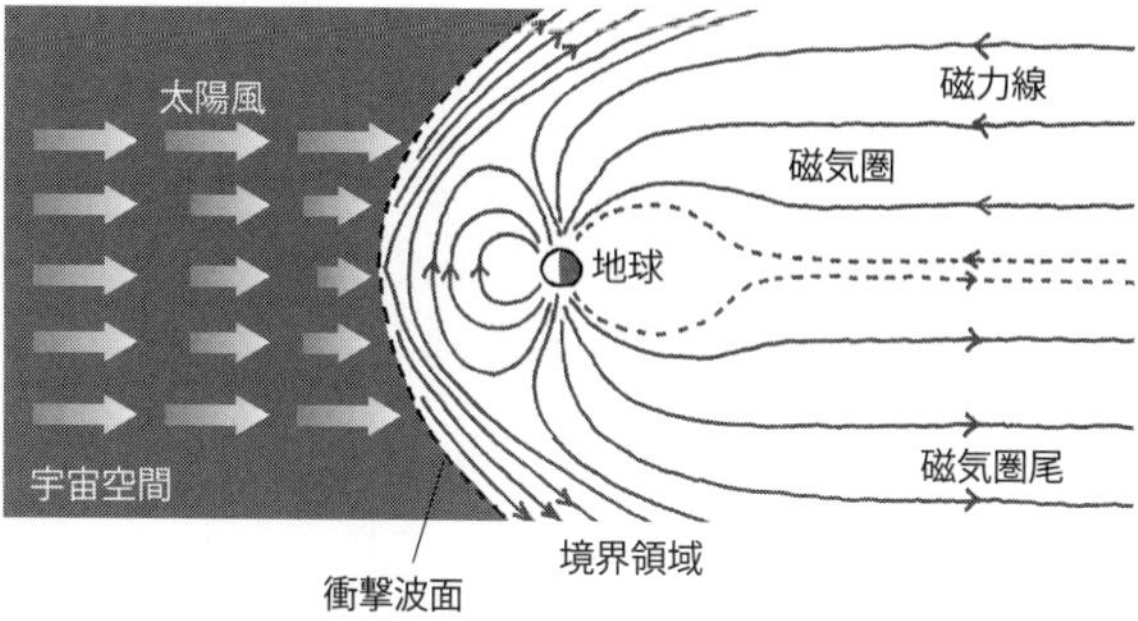

図5-10　磁気のバリア

km、太陽表面で爆発（フレア）が起きたときは秒速2000kmもの速さで地球にぶつかろうとしています。でも、地球が磁石になっているおかげでバリアが生じ、地表はこれらの放射線の直撃を免れているのです。ただし、電荷を持たない紫外線やX線に対してはバリアになっていません。

いつから地球が電磁石になって磁気のバリアを持つようになったのかはわかっていません。核ができたころから、つまり地球の初期からという学者もいれば、もっと遅くマントルプルームが始まり核も効率よく冷えるようになってから、つまり内核が成長を始めて外核の対流が活発になってから（ただこれがいつのころかはわかりません）という学者もいます。なにしろ、岩石に残された古い地球磁場の記録（古地磁気といいます）は、岩石の温度が上がると消えてしまうので、あまり古い記録が残っていません。

そして、磁気のバリアと生命の発生の関係もよくわかりません。

たしかに放射線（この場合は太陽風の直撃）は危険です。ただ、これはエネルギー源でもあります。つまり、放射線は有機物を合成するときのエネルギーになる可能性もあるのです。もちろん逆に、せっかくできた有機物を破壊する可能性もあります。つまり、放射線は有機物の合成にとって諸刃《もろは》の剣でもあるのです。ただ、いったん生命（細胞）ができた後は、その精緻なシステムに対して放射線は害にしかならないので、この話は有機物合成時の話です。

【キュリー温度】

永久磁石となった鉄やニッケルは、キュリー温度を超えると磁性を失います。鉄とニッケルのキュリー温度はそれぞれ770℃と360℃です。核の温度は4000℃を超えているので、核の鉄やニッケルは永久磁石にはなれません。

第六章　生命の誕生は今でも謎だ

最古の生物の証拠を探す

生物の起源を探る一つの方法は、現在から過去へ遡《さかのぼ》っていくことです。でも、家族の歴史と同じで、両親─祖父・祖母─曾祖父・曾祖母と遡って行くほど、だんだんと曖昧になっていきます。日本の歴史もそうです。平安時代─奈良時代─飛鳥時代─古墳時代─弥生時代─縄文時代─旧石器時代と遡って行くほど、だんだん資料も少なくなり、不確かなことが増えていきます。

生物の場合は化石を遡ることになります。5億4000万年前くらいまでは化石として残っているものはかなりありますが、それ以前となるとたんに見つかる数が減ります。それでも、わかることは、過去に遡るほど単純な構造をした生物になっていくということです。具体的には多細胞生物のいる時代から、単細胞生物ばかりの時代になっていきます。もちろんこういう小さな生物の化石は、恐竜の化石のように肉眼で見えるものではなく、顕微鏡を使わないと見えない非常に小さなものです。

その中で、比較的はっきりとした最古の生物の化石は、西オーストラリア西北部ピルボラ地域で見つかった、約34億年前のものです。他の地域から侵入したものだとすれば、もっと早くから生物はいたということになります。

それ以前になると、生物そのものではなく、生物の痕跡になってしまいます。カナダのケベック州からは、37億〜40億年前の生物が作ったのではないかというものが見つかっています。ただ、こうした構造は、非生物的に作られることがあるという批判もあります。

さらに、古い地層として有名なグリーンランドのイスア地域の岩石に含まれている炭素が生物起源だという学者もいます。炭素の同位体（同じ元素で中性子の数が違う）には炭素12のほかに炭素13があり、炭素12の方が少しだけ質量が小さい（軽い）のです。生物は軽い炭素12の方を選択的に利用します。ですから、標準の炭素12と炭素13の割合よりも炭素12の割合が大きければ、その炭素は生物が利用したもの、生物起源といえるのです。イアス地域の岩石に含まれる炭素は炭素12の割合が大きいので生物起源の可能性が高いといえます。こうした炭素を含む岩石の中で最も古いのは39・5億年前のものです。

いずれにしても、生物は34億年前にはすでにいた、もしかすると40億年以上前からいたということになります。ただ、それがどのような姿をしていたのかについてはまったくわかりません。

生物の進化から推定する

生物の起源を探るもう一つの方法は、現在の生物を詳しく調べて、その進化の過程を推定することです。現在、生物の一番おおもとの大分類はリボゾーム（細胞内でタンパク質を合成する場所）の構造の違いから、真核生物（ユーカリア）、アーキア（古細菌）、バクテリア（細菌）と大きく3つに分けるのが一般的です。これをドメインといい、生物は真核生物ドメイン、アーキアドメイン、バクテリアドメインと3つのドメインに分類されます。

真核生物は単細胞生物ばかりか、多細胞生物も含まれます。つまり動物や植物、そし

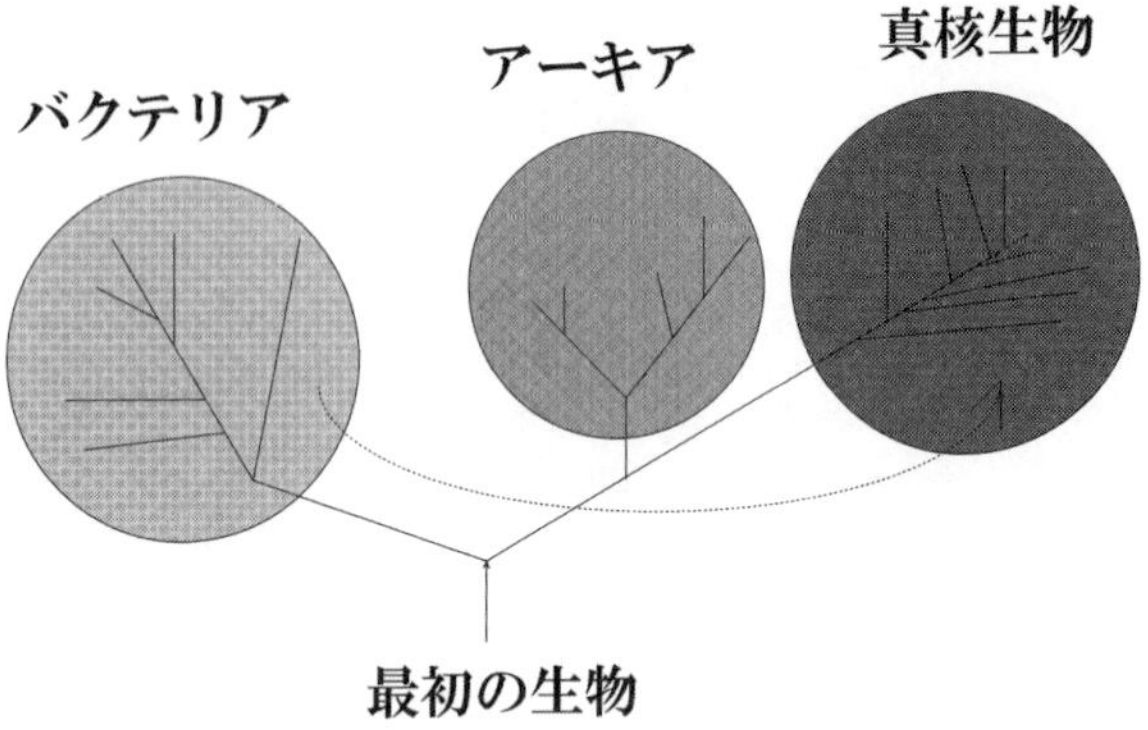

図６－１　生物の大分類、３つのドメイン

てわれわれ人間も真核生物です。真核生物の細胞は、他の二つのと比べて大きく、細胞の中に遺伝情報を司るＤＮＡをまとめて収納する核を持っています。

それに対して、アーキアとバクテリアは小さく、それに単細胞生物ばかりです。ＤＮＡも細胞中に散らばって存在しています。ですから、これらの方が単純な形態であることは確実です。なお、古細菌といってしまうと、細菌よりも古いというイメージになってしまうので、アーキアというのが一般的です。ＤＮＡ複製に関係する酵素、細胞膜の構造などから真核生物とアーキアは近い関係とわかるので、まずバクテリアがわかれ、ついでアーキアと真核生物がわかれたという可能性が高いです。ただ、真核生物は、原核生物を取り込むことによって、現在の形になったこともほぼ確実です。まとめると図6－1のようになるかと思います。

そしてこの図にあるように、3つのドメインには共通祖先（最初の一つの生物）があったことも、ほぼ確実だと思われます。これについては後で述べます。

なお、現在のアーキアは100℃前後の温泉を好む好熱菌、高塩分を好む高度好塩菌など、バクテリアや真核生物が住めない環境にいるもの、さらにはメタンを生成するメタン菌などがあります。生命が発生したころの地球はこうした〝過酷〟な環境だったのか、あるいは真核生物やバクテリアとの生存競争の結果、こうした環境に追いやられたのかはわかっていません。

科学的実験による推定で起源を探る

生物の起源を探るさらにもう一つの方法は、実験や理論、それをもとにした推定です。

かつて、生物の体を作る有機物は、生物のまか不思議な力でないと作ることはできないと思われていました（生気論）。1828年にヴェーラー（ドイツ、1800～

82）が有機物である尿素を化学的に合成してもなお、生物の体を作っているアミノ酸（→タンパク質）は、生物でないと作ることはできないと思われ続けていたのです。

ところが、1953年にまだシカゴ大学の大学院生だったミラー（アメリカ、1930〜2007）は、簡単な装置と、簡単な手順でさまざまなアミノ酸を合成できるという実験に成功します。その装置は図6-2のようなものです。大きなフラスコの中の気体は、ミラーの師であるユーリー（アメリカ、1893〜1981）が主張していた生物が発生するころの原始地球の大気（メタンやアンモニアを主成分とする還元的な大気）を想定したものです。このような大気の中を水蒸気を循環させて、そこで火花放電を起こします。火花放電は地球では雷です。この実験を1週間ほど続けると、水が茶色くなってきました。これを分析したところ、タンパク質の原料であるアミノ酸だったのです。

ただ、現在では原始地球の大気はこれほど還元的ではなく、水蒸気、二酸化炭素、窒素などが主成分だったと考えられています。また、火花放電は有機物合成のためのエネルギーで、火花放電が必須というわけではありません。たしかにアンモニアやメタンがあると有機物の合成は簡単ですが、そうでない大気でも、また火花放電以外のエネルギ

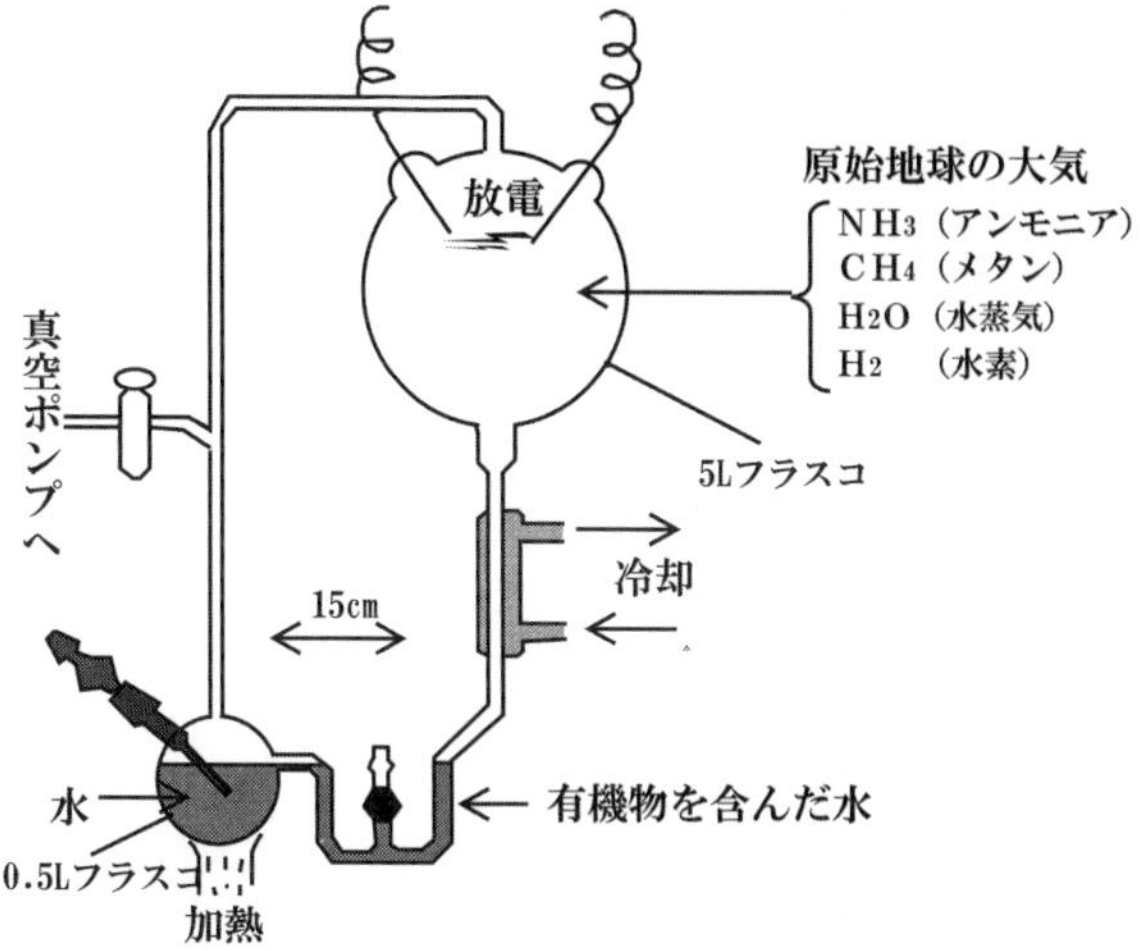

図6-2　ミラーの実験

ーでも有機物が合成できることもわかってきました。それでも、ミラーの実験が無意味だったわけではありません。生命の体を作るもととなる有機物（アミノ酸）は簡単に合成されることを示した、そういう意味でこれは衝撃的な実験だったのです。

　ミラーの実験の30年以上前の1920年ころ、ホールデン（イギリス、1892〜1964）やオパーリン（ソ連〈当時〉、1894〜1980）は、原始地球で簡単な分子から複雑な有機物が合成されたのだろう（これを分子進化といいます）という考えを発表していました。これがミラーの実験によって実証されたのです。

ミラーの後、現在考えられているような二酸化炭素や窒素を主成分とする大気内で、とくに火花放電などというエネルギー源を想定しない粘土鉱物などを触媒として利用したり、あるいは深海の熱水の噴出孔（ブラックスモーカー）のような場所などのさまざまな環境を想定して、アミノ酸の合成実験が行われています。

その中で注目されているのは、図6－3の海底熱水噴出孔です。熱水とは、深海の水圧のために100℃でも沸騰しないで、それ以上の温度になっている熱い水（！）のことです。ここで熱エネルギーが供給されます。この熱水噴出孔からはメタン、水素、硫化水素、アンモニアなどの有機物を作る原料となるガスが噴き出しています。また、鉄、マンガン、銅、亜鉛などの金属イオンもたくさん噴き出ています。こうした環境は有機物の合成に有利な場所なのです。火山活動が活発だった原始海洋でもこのような場所がたくさんあり、そのような場所が生命発生の場になっていったのだろうと考えられています。じっさい現在のブラックスモーカーには、噴き出してくる硫化水素などの硫黄化合物と、熱水のエネルギーを利用して有機物合成するバクテリアがいます。そしてそれ

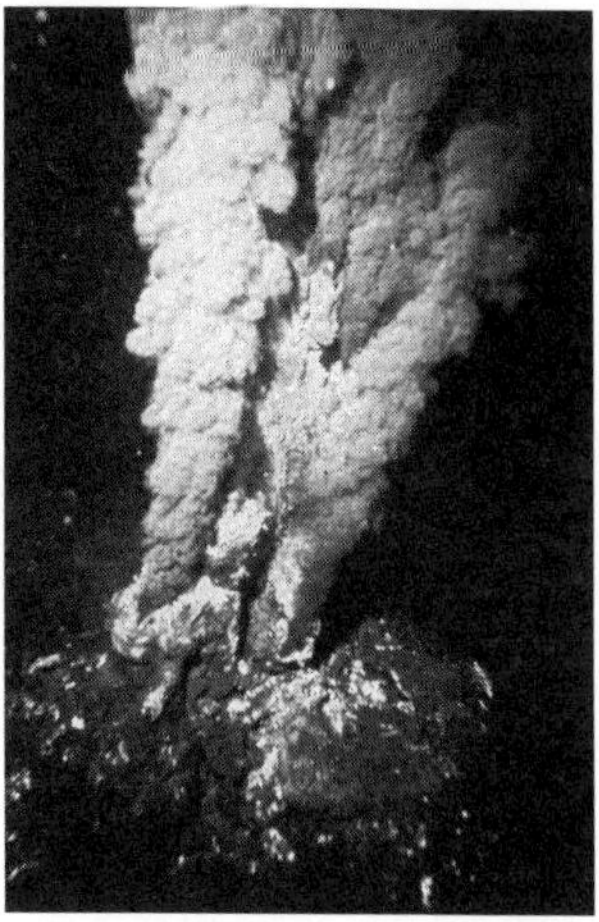

図6－3　深海の熱水噴出孔
© P. Rona/OAR/NURP; NOAA

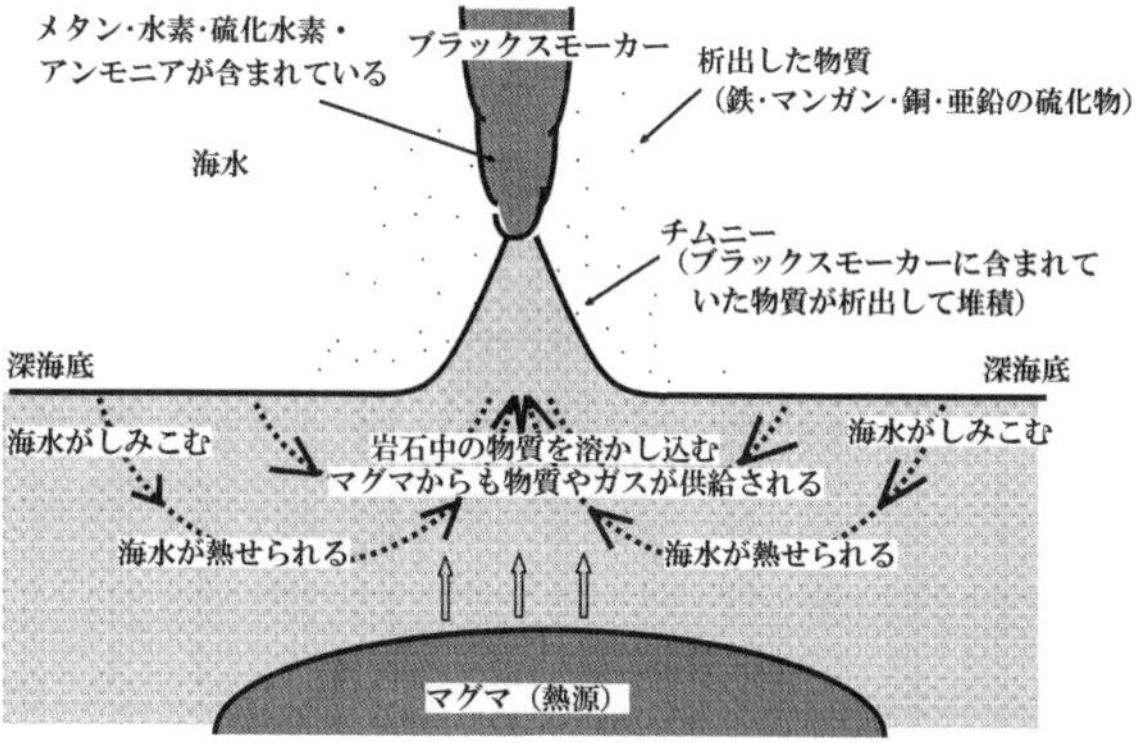

図6－4　熱水噴出孔の概念図

を食べる動物（チューブワームやシロウリガイなど）がたくさん集まり、太陽エネルギーとは無関係な生態系を作っています。

また、ブラックスモーカー以外の場所、例えば干潟を考える学者もいます。干潟は満潮時には海面下に、干潮時には海面の上に出るような場所です。このような場所で海水に溶けていたさまざまな分子に、干潟の鉱物が触媒（自分自身は変化しないが化学反応を促進する）としてはたらいて有機物が合成される、干潟の窪みにたまった海水は潮の流れに流されにくいので、だんだん有機物が濃くなっていくという考えです。

いずれにしてもホールデンやオパーリンのシナリオでは、無機物からできた有機物が原始の海で濃厚な「有機物のスープ」をつくり、その中でアミノ酸、核酸、さらにはタンパク質ができてくる、そのタンパク質は膜を持った粒状の組織となり（オパーリンはコアセルベードと名付けました）、それがそのうちに代謝と自己増殖の能力を持つようになったとしています。こうしたホールデンやオパーリンによる生命の発生に至るまでの基本的な考え方、すなわち化学進化→生命誕生→生物進化という道筋は、今日においても生命の起源を考える規範になっているともいえます。

そして、ほとんどの学者は生命発生の場は海であると考えています。じっさい、人体を構成する有機物の材料として使われている元素は、地球表層の元素よりも海水の組成にとても似ています。地球表層（岩石）に多いSi（ケイ素）やAl（アルミニウム）は、人体ではあまり使われていません。表では海水中の5位の元素であるMg（マグネシウム）が人体に入っていないように見えますが、人体では11位です。逆なのがP（リン、燐）です。リンは人体中では6位ですが、海水中の濃度はかなり低い元素です。リンは水中では安定なリン酸イオンとなり、遺伝情報を司るDNAやRNA、さらには生物の体内でのエネルギー源ATP（アデノシン三リン酸）に使われています。つまり生物にとって欠かせない元素です。利用しやすい化学的な性質があるので、海水中には微量にしか存在していませんが選択的に使っているわけです。でもリンを除けば、生物は海水中に多い元素を使って、つまり

順位	人体	海水	地球表層
1	H	H	O
2	O	O	Si
3	C	Cl	H
4	N	Na	Al
5	Ca	Mg	Na
6	P	S	Ca
7	S	Ca	Fe
8	Na	K	Mg
9	K	C	K
10	Cl	N	Ti
11	Mg		

図6-5　人体・海水・地球表層に存在する主要元素

ありふれた元素を使って誕生したということになります。ただ、海は広いので、できた物質はすぐに拡散してしまいます。オパーリンのいう「有機物のスープ」が薄まらずに、長期間存在し続けることが必要です。

なお、海水と人体の組成が似ているといっても、塩分濃度は全然違います。海水の方が3倍ほど濃いので、海水だけを飲んで生き続けることはできません。生命発生のころの海水の塩分濃度については、人体ほど薄かったのか、あるいはもともと現在の海水程度の濃さだったのかについては、まだよくわかっていません。

生命発生のシナリオ

この3つを踏まえて、現在考えられている生命発生のシナリオは次の通りです。①反応活性物質といわれるシアン化水素、ホルムアルデヒドなどができる、②反応活性物質からアミノ酸、核酸塩基、糖、脂肪酸、炭化水素などができる、③これらからタンパク質、核酸、多糖、脂質などの高分子ができる、④これらが集合・作用しあって（自己組織化）、代謝、複製機能を持つ原始生物が誕生するというものです。①〜③の過程が化

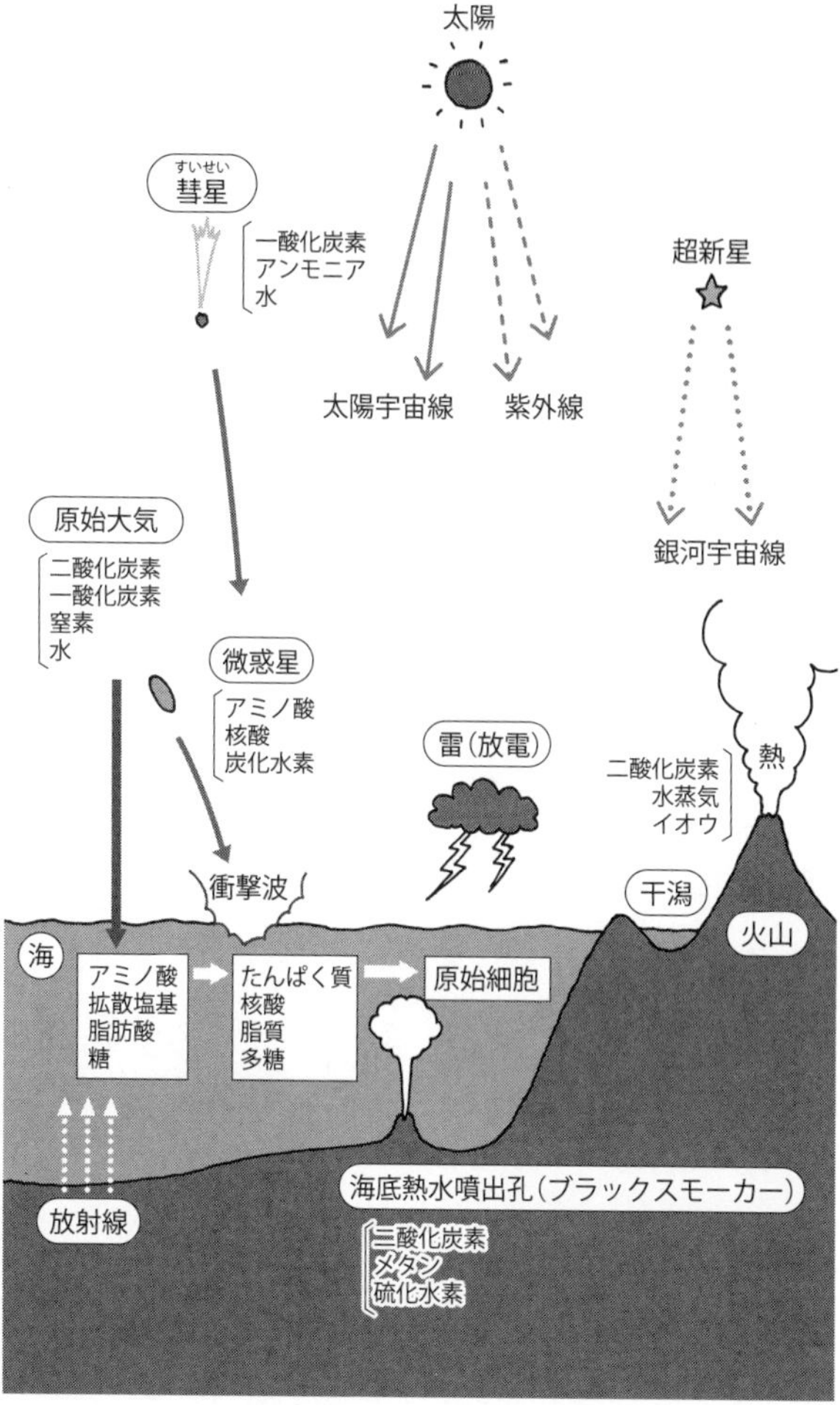

図6-6　生命の材料の供給源と有機物生成のエネルギー源として考えられているもの『地球惑星科学入門』（岩波講座地球惑星科学1）をもとに作成

学進化になります。

④が現在でもよくわかっていない生命誕生です。一つの考えは、最初はRNAを利用していたと考えるRNAワールド仮説です。RNAには自己を複製する能力があり、さらに遺伝情報も伝えることができます。もう一つの考えは、タンパク質が触媒になってRNAやDNAが作られることから、タンパク質が生物の起源となったという説です。タンパク質は生命の機能を担う物質です。つまりこれは、情報が先か機能が先かという、いわばニワトリ—卵論争です。

ただ、1980年代後半、RNAはたんぱく質の合成の触媒にもなれるという機能も見つかりました。つまり、RNAワールド仮説が有力になっているのが現在の状況です。

そのうちに、RNAより安定性の高い、すなわちより分解されにくい、また自己修復能力を持つ2本鎖のDNA（RNAは1本鎖）が利用されるようになっていき、そして現在の生物の情報伝達の道筋、DNA↓（転写）↓RNA↓（翻訳）↓タンパク質という、いわゆるセントラルドグマが完成したのでしょう。DNAを作り出す能力を持つレトロウイルスは、RNAワールドから現在のDNAワールドへの移行期の化石的なものなのかもしれません。この辺のこともよくわかっていないのです。

また、代謝が行われるようになると、外部との物質のやりとりが必要になります。つまり、巧妙な機能を持つ膜が作られなくてはなりません。さらに生きていく以上必要な食糧をどう確保したのかも問題です。「有機物のスープ」内で生命が誕生したとすると、周りの有機物を消費し尽くしてしまえばたちまち食糧危機に瀕します。有機物が何らかの原因で作り続けられている場所がないと、あるいは生物自身が触媒となって有機物を作り続けることができないと生き残れなかったことになります。これらのこともまだ、よくわかっていないことがらです。

結局、化学進化→生命誕生→生物進化の道筋の中の、生命誕生についてはまだ実験的に再現できていないし（人工生命、ただし本当に作っていいのかという問題もあります）、これで確定という説もないというのが現状です。物質から生命への大ジャンプは今でも未解明の大きな謎なのです。

ただ、図6-7でわかるとおり、マグマオーシャンやジャイアントインパクトという時代が終わって、現在のような海と陸があるという環境になった、つまりかなり落ち着いた時代になってから生命は誕生したのでしょう。生命誕生には何億年という長い時間が必要だったかもしれませんが、原始地球ではその時間は十分に確保されているのです。しかしその時間は、実験室内の実験ではとても再現できない長さです。

生命の起源は単一か

タンパク質のもととなるアミノ酸を指定するDNAの暗号（コドン）が、現在のどの生物でも同じということは、われわれ地球上の生物は、遠い昔に共通の祖先（単一の祖先）を持っていたということを強く示唆しています。

もう一つこれを示唆するのが、アミノ酸の構造です。同じ構成要素を持っているアミノ酸の中には、その立体的な構造がちょうど右手と左手の関係（鏡に映した関係＝鏡像）になっているものがあります。そのタイプによってL型、D型といいます。化学的な性質はまったく同じはずなのに、なぜか地球の生物はL型のアミノ酸しか使っていません。しかし、宇宙起源のアミノ酸、例えば炭素質コンドライト（隕石の一種）から検出されるアミノ酸は、L型もD型も等量です。つまり、最初の生命が利用したのがたまたまL

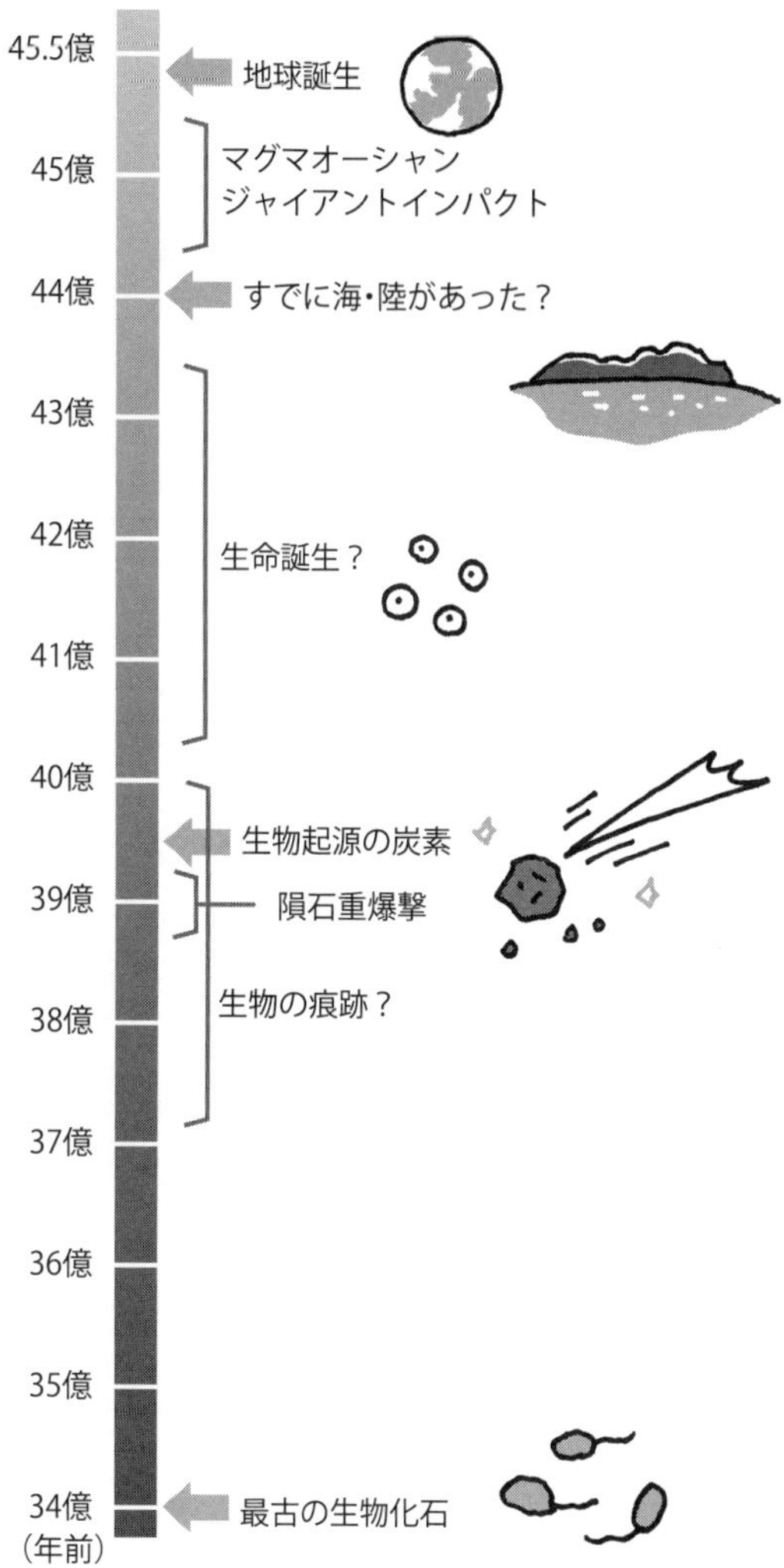

図6－7　生命発生の舞台の歴史と生命の歴史

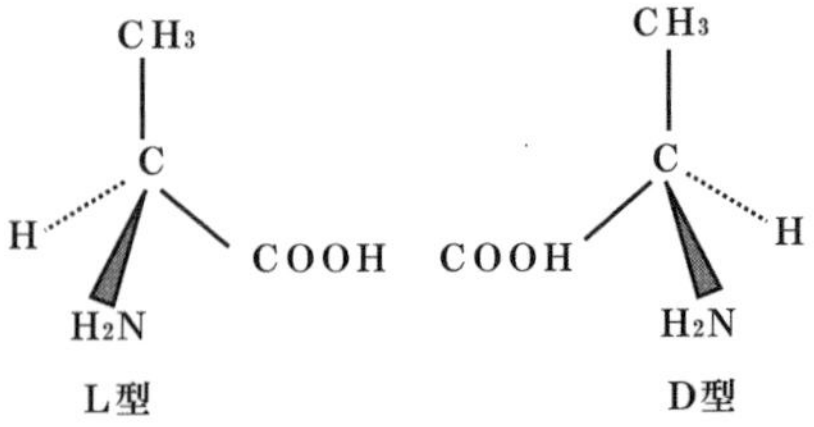

図6－8　アミノ酸の一種アラニンの立体構造
互いに鏡に映した関係（鏡像）になっています。
鏡像は右手と左手の関係のように、3次元空間の
中ではどのようにしても同じ形になりません。

型のアミノ酸だったために、それを祖先とする生物がL型を使い続けたという可能性が高いということになります。

こうしたことから、現在地球上にいるすべて生命は共通の祖先があって、それからわかれたものと考えられます。ただ、地球上での生命発生はわれわれにつながる1回限りだったのか、それとも何回もあったが他の系統は誕生してもすぐに滅んでしまったのかはわかっていません。

第七章　生命が地球を変えてきた

酸素は生物が作った

原始地球の大気には酸素がありませんでした。酸素は光合成を行う生物によって作り出され、それが大気中にたまったものです。

地球で初めて酸素を作り出す光合成の能力を獲得したのは、植物ではなくバクテリアのシアノバクテリアです。無機物から有機物を合成する能力を獲得することによって、生物は自ら栄養（生命活動のエネルギー源）を作り出すことができるようになったのです。光合成については第一章でも書きましたが、水と二酸化炭素を原料にして、太陽の光エネルギーを使って有機物（糖やデンプン）を作るはたらきです。そのとき〝廃棄物〟として酸素が出ます。

それまでの生物は、自然に化学合成された有機物を利用するしかありませんでした。つまり、つねに食糧危機の不安があったわけです。でも、光合成の能力を獲得したおかげで、自らの体を作ることができるようになったばかりか、他の生物に食べられることによって、光合成の能力がない生物も安定して生存できるようになりました。食糧危機は一気に解決したのです。

しかし〝廃棄物〟である酸素はその酸化力（有機物を分解する）のために、生物にとっては有害だったはずです。現在の生物にとっても、体内の活性酸素が細胞を傷つけるという作用があります。これが、生物の老化の原因の一つだと考えている人もいるほどです。酸素という有毒廃棄物の放出による〝大気汚染〟は、生物が起こした最初の環境問題でもあったのです。

シアノバクテリアのはっきりとした化石は、西オーストラリアの28億年前のものだといわれています。35億年前のシアノバクテリアの化石だといわれるものもありますが、異論も多く確定していません。

またシアノバクテリアそのものでなくても、シアノバクテリアがつくるストロマトライトという構造もあります。これは、シアノバクテリアが鉱物粒子をくっつけてできる縞状構造です。ただし、似た構造は生物とは無関係にできることもあるので判定が難しく、確かなのは、南アフリカのポンゴラの29億年前のものといわれています。35億年前のストロマトライトだというものもありますが、こちらにも異論があります。

なお、シアノバクテリアとシアノバクテリアが作るストロマトライトは現在でも存在しています。有名なのはオーストラリア西部シャーク湾のものです。

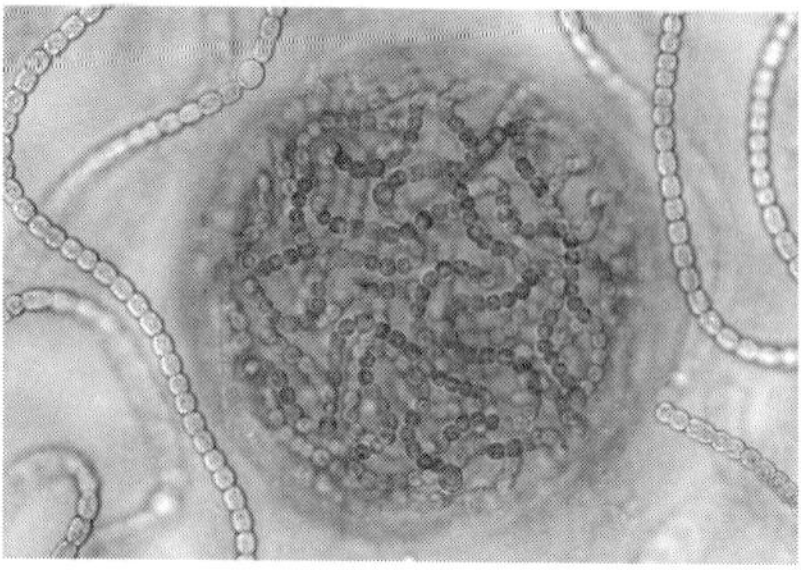
図7－1　シアノバクテリア
© papa88/PIXTA

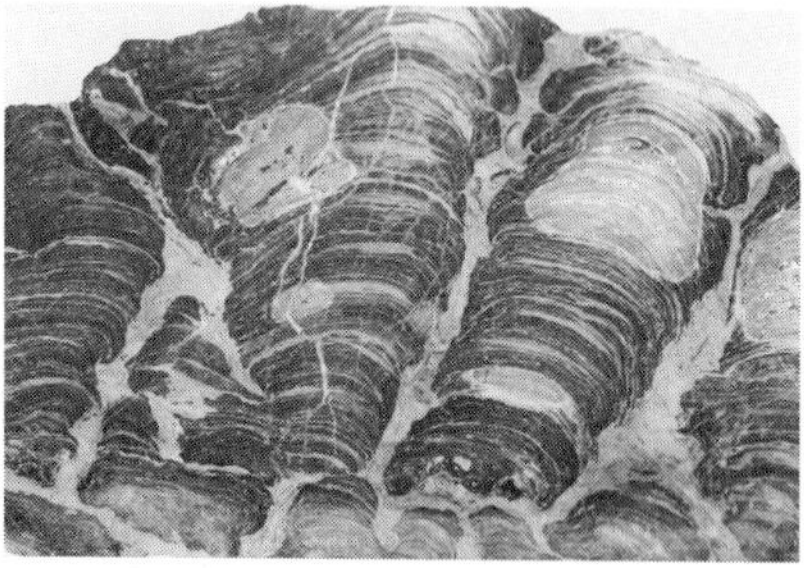
図7－2　ストロマトライト
© 内蔵助／PIXTA

酸素が増えてきたことを示す状況証拠が縞状《しまじょう》鉄鉱層です。酸素がない状態では、陸地の岩石に含まれていた鉄分が侵食によって溶けて海に運ばれたり、またブラックスモーカーから噴出した熱水に含まれていた鉄分が海水中に拡散して、鉄イオンとして海水に溶けたまま存在します。ところが、酸素があると鉄イオンは酸素と化合して、酸化鉄になり沈殿します。これが長い年月で固まり岩石となったものが縞状鉄鉱層です。縞状鉄鉱層は、現在のわれわれが利用している鉄鉱石の90%以上を占める重要な資源です。縞状という名は、鉄が多い黒っぽい部分（鉄鉱石）と、ケイ素が多い白っぽい部分（チャート）が交互に積み重なって、断面を見ると縞状になっているからです。ただ、なぜ鉄鉱石とチャートが交互に積み重なるのかはわかっていません。

一番古い縞状鉄鉱層は38億年前のものです。ただし、これは生物と関係なくできたものだろうといわれています。縞状鉄鉱層が爆発的に生成されるのは、27億年前から19億年前の間です。縞状鉄鉱層の沈殿は19億年前からはなくなりますが、突然8億年前から6億年前ごろにも生成されるようになります。これはスノーボールアース（第八章）と関係しているだろうと考えられています。

図7-3　縞状鉄鉱層（神奈川県立生命の星・地球博物館）

いずれにしても、19億年前にいったん縞状鉄鉱層の生成が終わったということは、酸素が海水に溶けていた鉄イオンをほとんど沈殿させ終わったということを示しています。そして海水が酸素で飽和したために海水に溶け込めなくなった酸素が大気に出てきた、その結果大気中の酸素濃度も上がってきたと考えられます。大気中の酸素は、地表の岩石中の鉄分を酸化して赤い岩石を作ります。こうしてできたと思われる岩石が19億年くらい前から急増します。これはそのころに大気中の酸素が急増したためと考えられています。当時の大気中の酸素濃度は15%以上あった、もしかすると一気に現在の値（21％）に近づいた可能性もあります。

【酸素の量】

いま、人類が化石燃料（石油・石炭・天然ガス）を燃やすときに生ずる二酸化炭素による地球温暖化がいわれています。もう一つ、有限な空間である地球の中で、二酸化炭素が増えると酸欠になる恐れはないかと心配する人もいるかもしれません。

二酸化炭素の発生は$C+O_2 \rightarrow CO_2$です。この式の意味は、二酸化炭素が増えた分だけ酸素が減るということです。現在の地球大気中の二酸化炭素は０・０４％、一方酸素は20・９３％です。化石燃料を全部燃やしたとしても、増える二酸化炭素は０・０５％といわれています。つまり、酸素は０・０５％しか減らず、20・８８％になるだけです。このくらいの酸素濃度なら、まったく問題ありません。座席が埋まっている電車や学校の教室内の酸素濃度よりもかなり高いものです。生物の光合成によって作られ、たまっている酸素の量はそれだけ膨大なのです。逆に二酸化炭素に注目すると、そのわずかな量の変化でも地球の気温に大きな影響を与えるということになります。

【大気中の二酸化炭素濃度】

二酸化炭素の濃度の変化もよくわかっていません。植物は光合成の行い方からC3植物とC4植物に分けられます。C3植物にはイネ、ムギ、ダイズ、イモなど植物の大部分が含まれ、C4植物にはトウモロコシ、サトウキビなどが含まれます。C4植物はC3植物から進化したと考えられています。

C4植物は高温や乾燥に強く、また現在の大気中の二酸化炭素濃度0・04％よりも低い二酸化炭素濃度でも光合成の効率があまり落ちません。一方C3植物は二酸化炭素濃度が今よりも高い方が光合成の効率がよく、0・1％程度の二酸化炭素濃度で最大になります。

つまり、生物が光合成の能力を獲得したころの二酸化炭素濃度は今よりも高かった、現在の2倍である0・08％以上の濃度だったかもしれません。そして、今よりも二酸化炭素濃度が低くなった白亜紀末（7000万年前くらい）に、低い二酸化炭素濃度でも光合成を十分行えるC4植物が登場したのだろうと考えられています。

【シアノバクテリア】

シアノバクテリアは、かつてはラン藻《そう》（藍藻）といわれることもありました。ただ、シアノバクテリアはバクテリア（細菌）で、〝藻〟は植物です。だから、ラン藻は誤解を招く表現だとして、シアノバクテリアというのがふつうになってきています。

酸素を消費する動物の誕生

酸素は生物の体を作る有機物にとっては危険な存在です。しかし、酸素を利用（好気呼吸）することによってエネルギーの生成が効率的にできるようになります。酸素を利用できる前の生物は、嫌気呼吸（硫化水素を作る硫酸塩呼吸やメタンを作る炭酸塩呼吸などがあります）か、発酵（酵母によるアルコール発酵や乳酸菌による乳酸発酵などがあります）でエネルギーを得ていました。好気呼吸をすることによって、エネルギー効率は約20倍にもなります。好気呼吸が有利になる酸素濃度をパストゥール点といいますが、いつ酸素濃度がパストゥール点を超えたのかはわかっていません。いずれにせよ、初めは〝毒〟であった酸素を、生存のために利用することができる生物が登場したのです。生物は自らが作り出した酸素による大気汚染（環境汚染）を、逆にその酸素を有効利用して消費するということで解決していったことになります。

細胞の中に核を持つ真核生物は、ある程度高い酸素濃度を必要としています。真核生物の細胞内に存在するミトコンドリアは、酸素を使ってエネルギーを得る器官です。バ

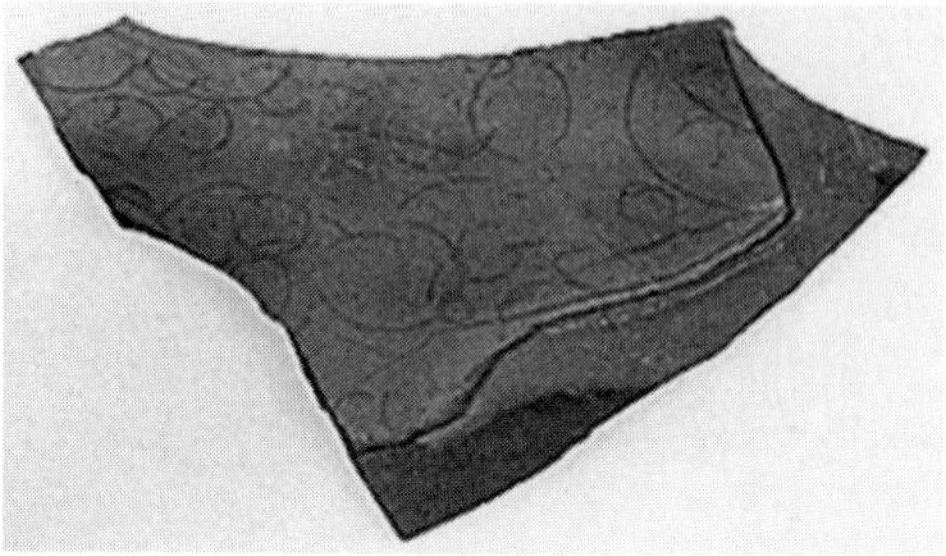

図7-4　地球最古の真核生物の化石（蒲郡市生命の海科学館）

クテリアやアーキアから真核生物への進化については次の章で詳しく述べます。最古の真核生物とはっきりわかる化石は21億年前です。このころには、海水中の酸素濃度が十分に高くなっていたと思われます。そしてそれ以前には、すでに酸素を利用できる生物がいたはずです。

さらに、4億年前には陸上で生活する生物も登場します。これは、大気中の酸素濃度が十分に高くなり、それに伴って成層圏（高さ十数～50㎞の大気）のオゾン濃度も高くなったために、陸上でも生活ができるようになったためと考えられています。オゾンは上空で酸素に紫外線が当たって生成されます。そしてできたオゾンは紫外線を吸収して高温になります。太陽からの紫外線は生物を、とくに遺伝を司るＤＮＡを損傷するのでとても危険です。ですからそれまでの生物はすべて水中で暮らしていました。水深10m程度以上の深さでは、紫外線はほとんど届きません。でも、成層圏にできたオゾンのために、紫外線は陸地の地表にも届かなくなりました。水中でなくても安全になったのです。成層圏のオゾンを地表（海抜0m）の大気の密度と同じにすると、その厚さはわずか3㎜ほどです。地表を守る盾はとても薄いのです。

まず植物が、続いて動物が、それまでは生物がまったくいなかった陸に上がります。その後植物は大森林を作り、そして動物もそうした環境に適応して進化していきます。ただ、大森林は成長の過程では吸収する二酸化炭素よりも多くの酸素を放出しますが、森林の生長が終わり安定した状態になると、枯れた木が腐敗する過程で二酸化炭素を出すようになるので、正味での酸素の生産はなくなります。

大気の酸素濃度の変遷はよくわかっていません。4億年前の生物の上陸以降は、森林火災の化石（木炭化石）が出ることから大気中の酸素濃度はものが燃えることができる13％以上あった、逆に自然発火により森林が全焼したことがないということから35％以上になったことはないだろうといわれています（『地球進化論』岩波講座　地球惑星科学

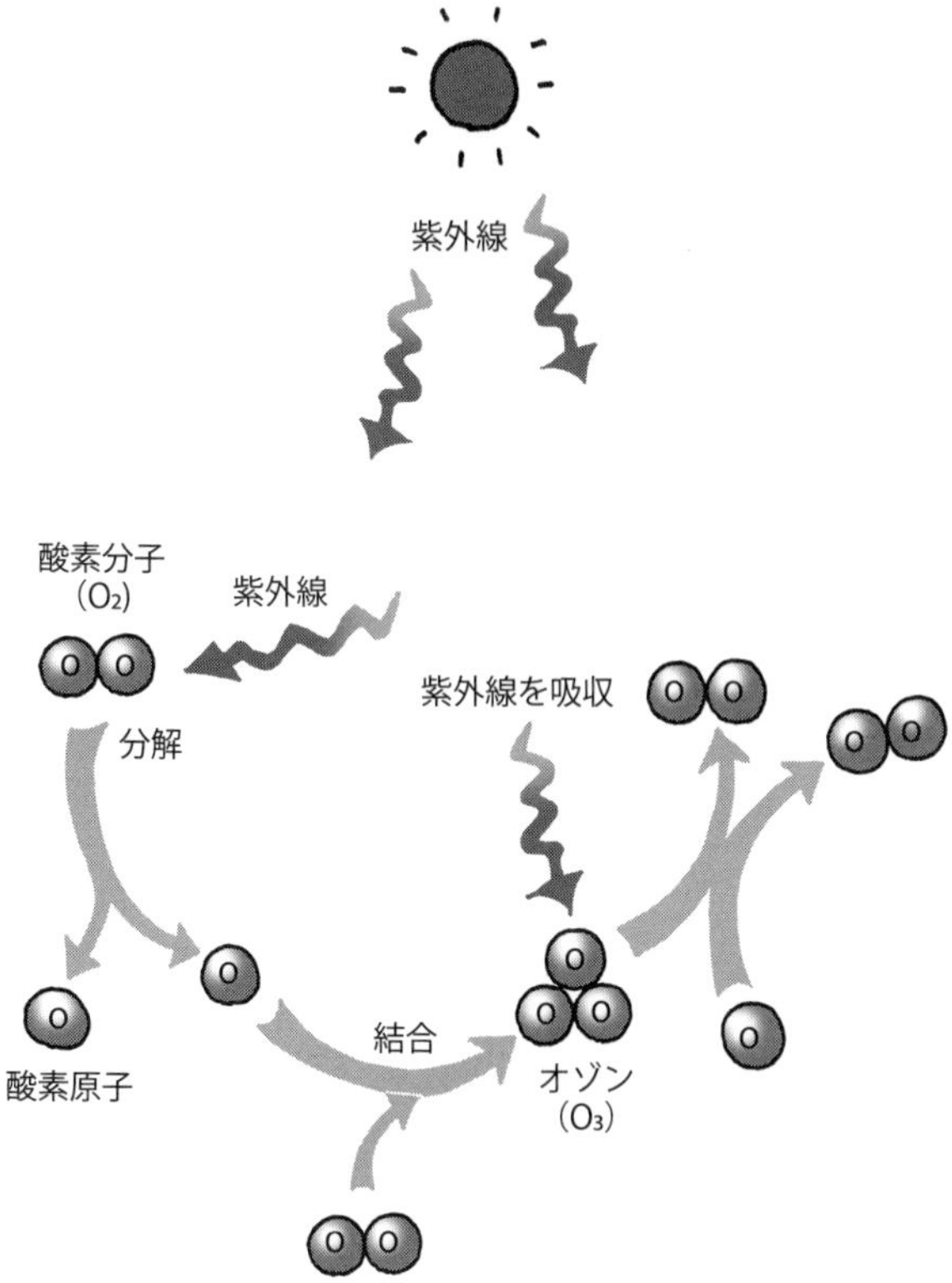

図7-5　オゾンの生成と紫外線の吸収
成層圏で太陽の紫外線を浴びた酸素分子は分解して酸素原子になる。その酸素原子が酸素分子と結合してオゾンができる。オゾンは紫外線を効率的に吸収する。

13、346ページ）。約3億年前の酸素濃度はその上限（現在の約1・5倍）に達し、巨大な昆虫も登場しました。肺がなく、気門から自然に出入りする空気中の酸素を利用する昆虫は、肺を持つ脊椎動物ほど大きくなれません。でも、3億年前は酸素の濃度が高かったために、昆虫も巨大になれたのです。なかには羽を広げると70cmにもなるトンボもいました。もっとも、「風の谷のナウシカ」に出てくるような、超巨大昆虫は地球史には登場しませんでした。

いずれにしても、生物は酸素を生み出すことによって地球の環境を変え、その酸素があるという環境に適応した生物も生まれた、そして生物が生み出した酸素が作ったオゾンのために陸上も安全になった、その安全となった陸に上がった生物は陸を緑豊かな大地へと変えていった、そしてこれらの生物は長い年月をかけて、海でも陸でも安定な生態系を作っていったのです。このように、地球と生命はともに進化（共進化）してきたのです。

地球はシームレスで安定なシステム

生物の体を作る重要な元素である炭素が地球上をどう動いているのかを見てみます。その前にシステムとフィードバックについて簡単に説明します。ある入力に応答して、ある決まった出力があるものをシステム（系）といいます。例えば、自動販売機はお金を入れてボタンを押す（入力）と欲しいものが出てきます（出力）。これも一つのシステムです。自動販売機の中身の仕組みはわからなくても、これがわかっていれば自動販売機を利用できます。細かいメカニズムは解明できなくても、全体的な原因—結果の関係がいえることがあります。自然界にもこのようなものが多いのです。入力と出力が釣り合っている状態が平衡状態です。

もう少し複雑なシステムには、フィードバックというものがついています。出力の一部を入力に戻して、全体を制御するのです。例えばTVはスイッチを入れれば映像が出ますが、それを見ておもしろくなければチャンネルを変えるといったようなものです。

フィードバックには2種類あります。エアコンは、温度を一定にするようなフィードバック制御を行っています。設定した温度より室温が上昇したら運転能力を落とし、室温が下降したら運転能力を高めて、つねに室温が一定になるようにしているのです。あるいは日常でもこんな経験があると思います。ある試験で成績がよかった、とすると安心して勉強をしない、次の試験で下がるとこれはいけないと思い勉強する、という具合に成績を一定に保つというものです。これらのように、出力（結果）を一定に保つようなフィードバックを負のフィードバックといいます。

反対に、出力が上がったらさらに上がるように、出力が下がったらさらに下がるようにはたらくものを、正のフィードバックといいます。例えば、ある試験でいい成績を取った、そこで勉強がおもしろくなってますます勉強をする、次の試験ではますますいい成績になる、というのが正のフィードバックです。でも逆に、ある試験で悪い成績をとった、そこで勉強がおもしろくなくなり、ますます勉強をしなくなる、次の試験ではますます成績が下がる、というのも正のフィードバックです。出力が増えようが減ろうが、出力の傾向を増大するように働くのが、正のフィードバックなのです。正のフィードバックは雪だるま式とか、悪循環とかいうこともあります。でも、本来はこのフィードバックの正負には価値観がないのです。

システム（系）に負のフィードバックがついていると、そのシステムは安定な状態になります。反対に、システムに正のフィードバックがついていると、そのシステムは不安定な状態になります。自然界や社会には、正のフィードバックも負のフィードバックもあります。例えば、気温が上がると海水からの蒸発が盛んになり、その気化熱は海水温を下げる方向にはたらきます。また、大気に入った水蒸気は雲となり、太陽の光を遮ります。これらは負のフィードバックです。逆に温度が上がると大気に入る水蒸気が増えます。また海水温が上がると、石灰岩が分解しやすくなり二酸化炭素を放出します。水蒸気や二酸化炭素は温室効果ガスなので、これは気温を上げる方向にはたらきます。これらは正のフィードバックです。このようにいろいろなフィードバックが複雑に絡み合っているので、実際にどうなるかはなかなか複雑です。自然界ばかりか社会にもいろいろな正負のフィードバックがはたらいています。具体例を考えてみましょう。

では図7－6で二酸化炭素循環システムを見てみましょう。生物発生前が太い実線です。大気中の二酸化炭素が増えれば海水に溶け込む二酸化炭素が増え、逆に減れば海水から二酸化炭素が出てきます。海水中に溶けている二酸化炭素や炭酸イオンが多くなれば、大気に出したり、炭酸塩鉱物（石灰岩）として沈殿したりします。生物誕生以前の地球は、このような負のフィードバックのために各部分の二酸化炭素の量は一定で、全体が安定なシステムになっていました。

生物発生後が太い点線です。初めは光合成を行う生物（植物とします）だけだったので、一方的に大気から二酸化炭素を取り除くだけです。しかし、呼吸により酸素を消費して二酸化炭素を出す生物（動物とします）の登場は、地球の炭素循環システムに、もう一つの負のフィードバックがついたことを意味し、再び炭素の循環は安定な状態に戻ります。ただし、生物がいなかったときとは大気中の二酸化炭素濃度は違います。別な安定な状態になったのです。

確かに自然界は安定な状態を作ろうとしているようです。でも、光合成を行う生物の発生（酸素の放出）から、酸素を消費する生物の登場まで何億年もかかりました。安定な状態になるには何億年もかかるのです。

具体的な炭素循環システム、さらには地球全体のシステムはとても入り組んでいて、ある原因がある結果を起こすと、その結果がまた次の現象の原因となり、その結果が次の原因となり、その結果がまた別な現象の原因となる、これが延々と続くのです。しか

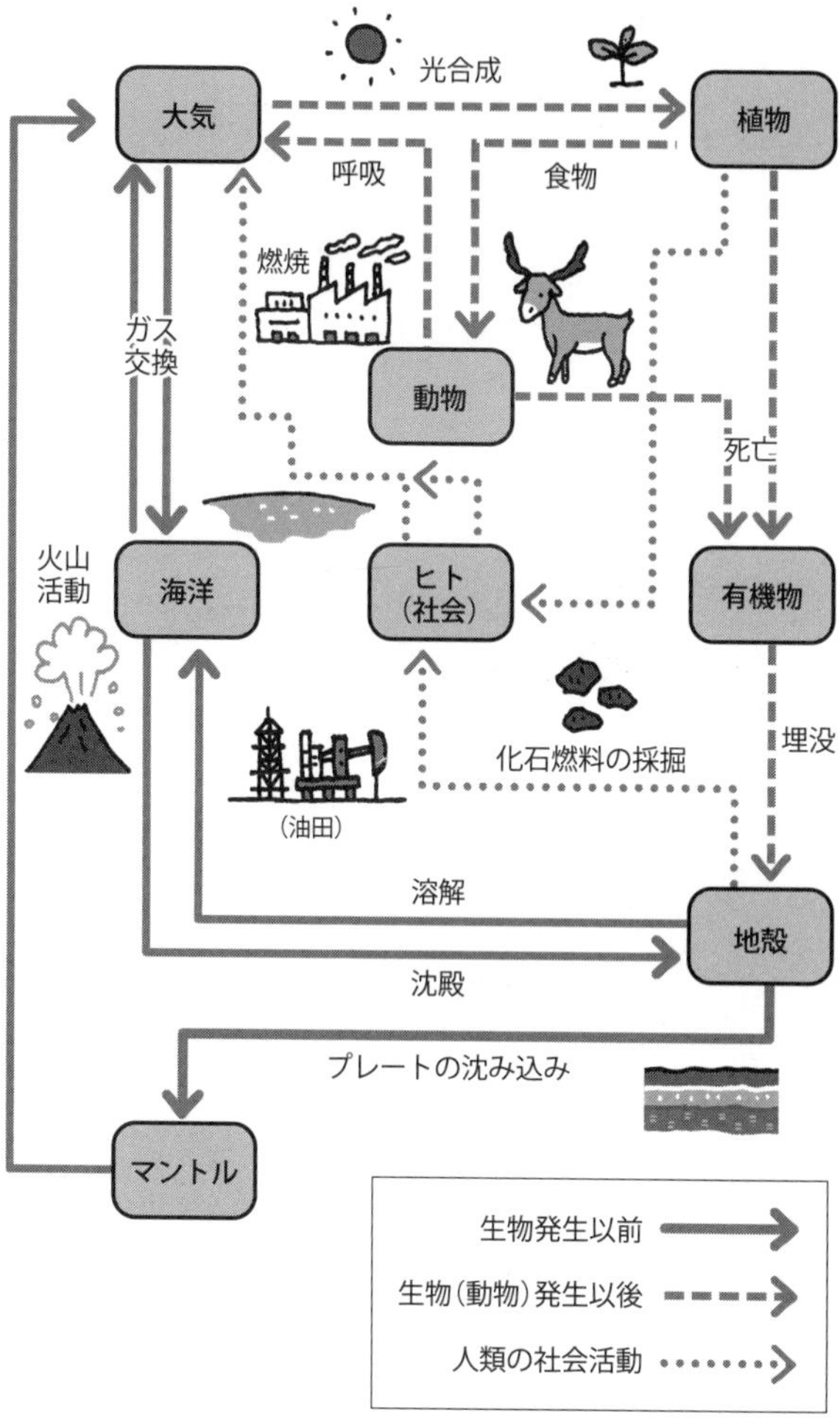

図7－6　二酸化炭素の循環

もそれらは一本鎖でなく、編み目のように互いに絡み合っているのです。自然界はあたかも縫い目のない織物のような（シームレスな）システムになっている、それが地球なのです。

近代科学は、その一部の現象を取り出し、その原因と結果という因果関係を法則化して成功してきました。ただ、地球全体を一つの大きなシステムとして見るということにはまだ慣れていません。いわば森を見ないで木を見るというのが近代科学でした。これからはもう一つの眼《まなこ》、木を見ないで森を見る、そしてさらには木も森も見るということも必要だと思います。

閑話休題、この地球上の炭素の循環にとって、ヒト（人類）の登場は何を意味しているのでしょう。産業革命以後、地殻に埋まっていた炭素（化石燃料）を燃やし、本来は数億年かかる地殻中の炭素の酸化を強制的に行っています（図7−6の細い点線）。つまり、全体のシステムを乱す恐れがあることをやっているのです。電気回路でいえばショートさせているということです。しかも時間的にはかつて自然界が経験したことがない速さです。人類の活動が、量的にも自然界の循環に対して無視できない量になっている、

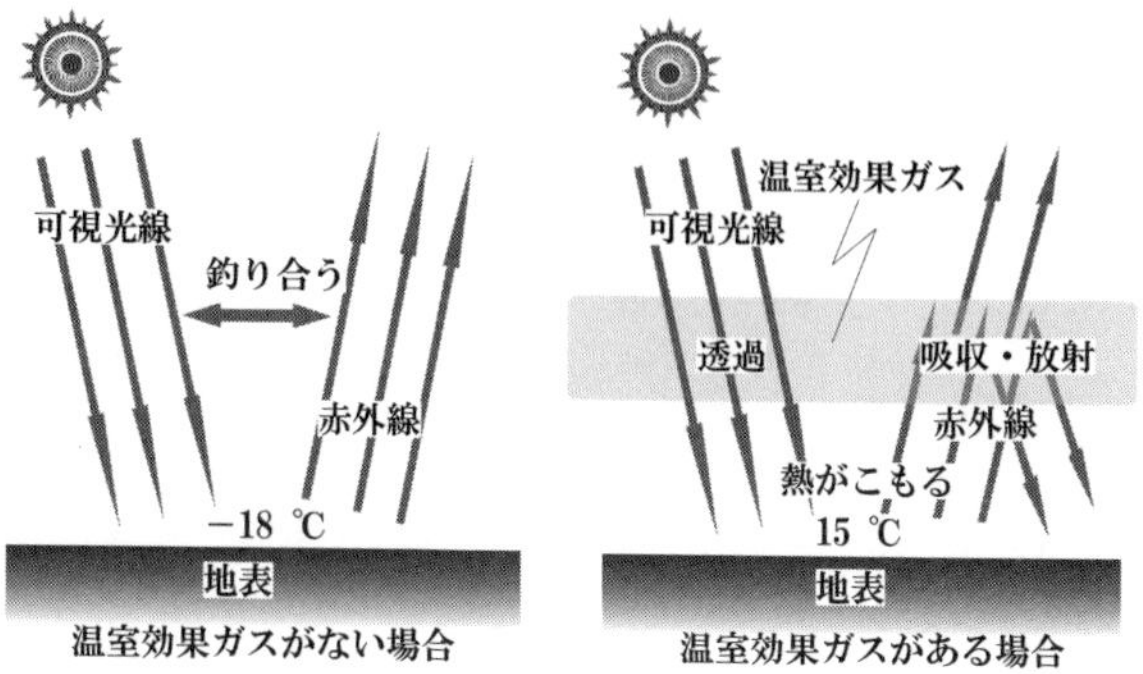

図７−７　温室効果

それが今日人類が直面している環境問題ということになるかと思います。

【温室効果】

太陽のからの入射エネルギー（大部分は可視光線）は地表を温めます。また、地球もその表面温度に見合うエネルギーを宇宙に放射しています。太陽からの入射エネルギーと、地球からの放射エネルギーが等しくなる温度が、地球の温度ということになります。地球大気に温室効果ガスがないときは、その温度はマイナス18℃です。

だが、地球の大気には二酸化炭素やメタン、水蒸気などの温室効果ガスが含まれています。温室効果ガスは、太陽から来る光（可視光線）に対しては透明です。地表から宇宙に出て行こうとするエネルギーの形は赤外線です。温室効果ガスは赤外線に対しては不透明なのです。そのために、太陽からの入射は入れるが、地球からの放射は出さないということになり、地球に熱がこもります。いわば、地球は温室効果ガスという毛布を被っている状態です。このために、実際の地球の温度（全地球表面の平均温度）はプラス15℃になっています。この差、33℃が温室効果ガスによるものです。

第八章　地球は何度も天変地異に襲われた

隕石の重爆撃

隕石《いんせき》が月に衝突してできたクレーターの年代に、39億5000万～38億7000万年前のピークがあることがわかってきました。つまり、この時代、月にたくさんの隕石が落ちたことになります。地球の古いクレーターは侵食によってなくなっています。でも、月にたくさん隕石が落ちたということは、当然地球にも落ちたということになります。この時期を隕石の重爆撃期、あるいは地球形成時の重爆撃期と区別するために、後期重爆撃期ともいいます。

太陽系の初期段階はまだ力学的に不安定で、このころに巨大惑星の軌道が広がり、さらに当初天王星の軌道の内側を回っていた海王星が天王星の軌道を横切って外側に移動したらしいのです。そしてその影響は小惑星帯にも及び、たくさんの小惑星が隕石となって地球や月などに落下したと考えられています。

問題は、その重爆撃が地球にどういう影響を与えたかです。重爆撃期以前のアカスタ片麻岩や、44億年前のジルコンも残っているので、隕石の重爆撃があってもマグマオーシャン時代のように、全地球表面が融けるようなことはなかったのだろうと思われます。生命はこの重爆撃以前に誕生した、そしてこの重爆撃期を乗り越えた可能性が高いです。

磁場の逆転

地球磁場の向きは過去に何回も逆転してきました。現在の地球の磁場を近似する棒磁石は、地軸とは11・5度くらい傾いていて、北極の近くにS極が、南極の近くにN極があるという状態（正磁極期）です。だから、方位磁石のN極は北を指します。この磁場が完全に逆転し、北極近くにN極、南極近くにS極という状態（逆磁極期）になることがあります。その過程は、棒磁石がくるっと回転するのではなく、例えば現在の状態がだんだん弱くなり、そして逆向きの磁場がだんだん強くなって、最終的には磁場の強さは同じだが、向きが正反対になるというものです。これに要する時間はせいぜい1万年程度、もしかすると数千年という短い時間内に起こるというのです。数千年だって長い時間と思うかもしれませんが、日本アルプスの隆起の速さが1年でせいぜい数mm、プレートの動きだって速くて1年で10cm程度です。これらの地質現象と比べると、磁場の逆転に要する時間はきわめて短いのです。これは、地磁気の成因が液体の外核にある、液体なので変化（運動）が速いのは当然ということでもあります。

問題は、磁場の逆転の過程で、一時的ではありますが、磁場がなくなってしまうことです。つまり、太陽風に対するバリアがなくなってしまうのです。こうした、地球磁場の逆転時に生ずる磁場ゼロのとき、バリアがなくなって地表が太陽風の直撃を受けることが、生物の絶滅と進化を起こしたという考えもあります。

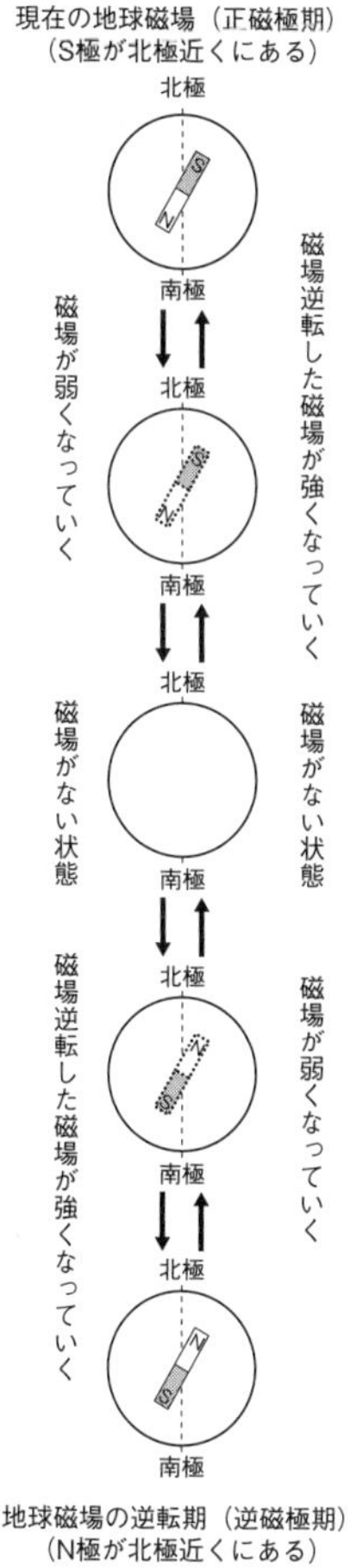

図8-1　地球磁場の逆転

ただ、磁場の逆転はしばしば起こる現象です。図8-2はよくわかっている最近500万年間の地磁気の逆転史です。黒が現在と同じ向き（正磁極期）、白が反対向き（逆磁極期）です。比較的長いブリュンヌ期、松山期などの間にも細かい逆転があることがわかります。こうした地磁気の逆転は、地磁気ができたときからあったのか、あるいはあるとき突然に始まったのか、また、長い間どちらかの向きで安定していた時代はなかったのか（これはあったという可能性が高いです）などよくわかっていません。でも少なくとも、生物の大絶滅や進化を引き起こしたとすると多すぎる回数です。

ここ100年間で地球の磁場は5％弱くなりました。このままいけばあと2000年で地球の磁場がなくなってしまいます。いままさに、地球磁場が逆転しつつあるときなのかもしれません。もし地磁気がなくなったら、人類を含めた生物はどうなるのでしょう。もしかすると何か影響があるのかもしれません。しかし、これだけの磁場の逆転の回数を、地球上の生物は絶滅しないで乗り越えてきたのですから大丈夫である可能性が高いです。それは地球には大気があって、とくにその中の電離層が太陽風（荷電粒子）に対する第二のバリアーになるだろうと思われるからです。

スノーボールアース

先カンブリア時代の22億年前、さらに7億年前と6億年前の地球寒冷化はすさまじく、赤道までの海がすべて凍ったということがほぼ確実になってきました。これがスノーボ

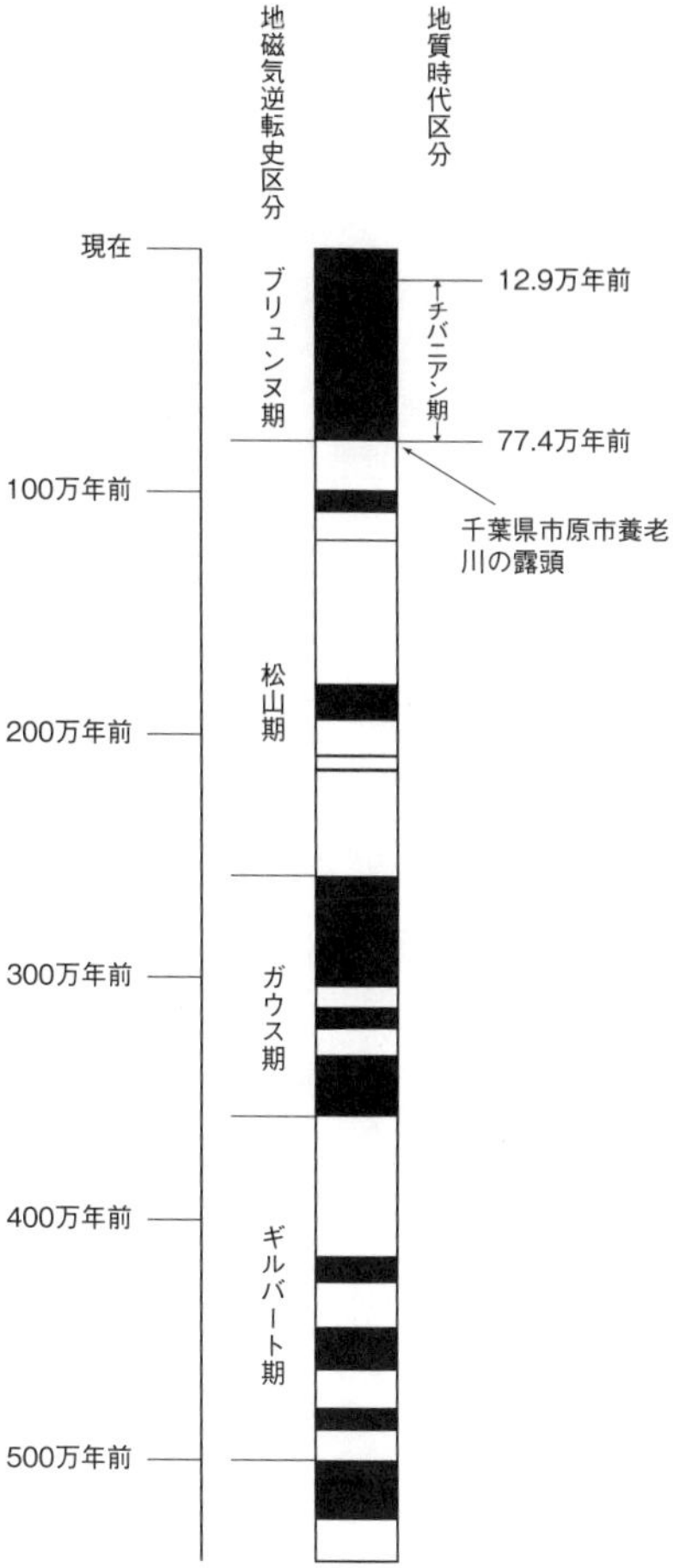

図8－2　地磁気の逆転史
黒い部分が正磁極期

ールアース（全球凍結）です。この説は１９９０年代にカリフォルニア工科大学のカーシュビングが唱え、さらにハーバード大学のホフマンが強く主張しています。

彼らが唱えるスノーボールアースのシナリオは次の通りです。何らかの原因で大気中の二酸化炭素が減ると温室効果が弱まり地球の気温が低下する↓両極の氷床が成長する↓氷床が緯度30度よりも低緯度でもでき始める↓白い氷床に覆われる部分が大きくなった地球のアルベド（反射能）が上がる↓ますます地球が吸収する太陽エネルギーが減る↓さらに気温が低下するという正のフィードバックがはたらくようになる↓その結果地球は数十万年程度の間にすっかり冷えてスノーボール状態（全球凍結状態）になる、というものです。

このときの地球は全体を平均すると約マイナス40℃（現在は約プラス15℃）にまでなり、海は厚さ１０００ｍもの氷に覆われていたようです。実際、7億年前（スターチアン氷河期）、6億年前（マリノアン・ヴァランガー氷河期）には、古地磁気のデータから当時の赤道地方にまで氷河があったことを示す痕跡が見つかっています。

かつてはもし地球全部が氷床に覆われてしまうと、そこから脱することができないと考えられていたのです。氷床に覆われてしまうと、太陽の光を80～90％反射してしまいます（アルベドが0・8～0・9）。ですから、地球が吸収する太陽エネルギーが非常に少なくなり、地球を温めることができなくなってしまうからです。

　ではどうやって脱したのでしょう。ホフマンたちの考えはこうです。地表が氷に覆われてしまうと光合成を行う生物も死に絶え、風化作用も停止するので大気から二酸化炭素を取り除くシステムがはたらかなくなる→この間、火山活動によって大気に供給される二酸化炭素はたまる一方となる→大気中の二酸化炭素がある量を超えると、その温室効果で今度は逆に地球の気温が一気に上がり（とはいっても100万年くらいかけて）、全球が融けて無氷河状態になる、というものです。このときの地球は全体を平均すると60℃にもなったといいます。

　無氷河状態になった地球では、大気

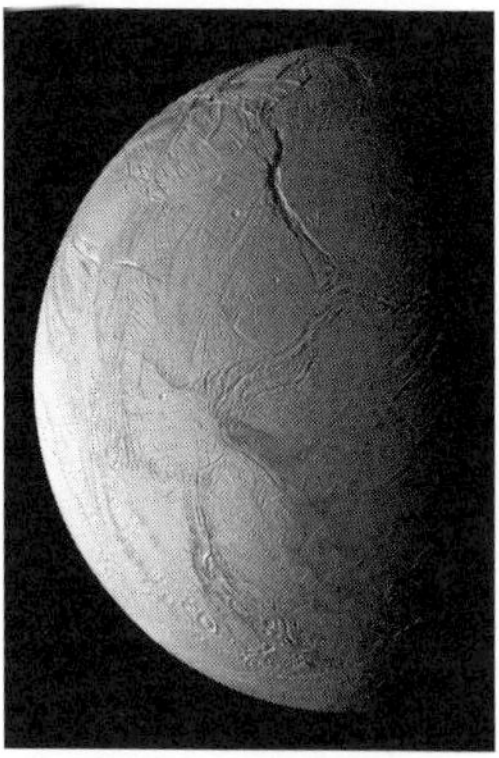

図8-3　土星の衛星エンケラドス全球凍結状態の天体。かつて地球もこういう状態になったらしい。© NASA

からの二酸化炭素除去システムが復活し、また温度が高いだけ風化作用も活発になり、石灰岩が急激に沈殿することになります。実際、この時代の氷河性堆積物の上には分厚い石灰岩が堆積しています（キャップカーボネードといいます）。こうして、大気中の二酸化炭素も減って、気温も下がり現在のような状態に戻るというのです。

また、19億年前から途絶えていた縞状《しまじょう》鉄鉱層の沈殿が、8億年前〜6億年前に復活するのもスノーボールアースのためだと考えられています。海表面が氷河で覆われたため海水中の酸素濃度が減り、海水に溶けた鉄イオンが沈殿しなくなる、でも氷が融ければまた海水中の酸素濃度も高くなり、この時に鉄イオンが沈殿するというのです。

どうも地球は、極地方にも氷床がない無氷床状態（恐竜が繁栄した白亜紀のような状態）、極地方にのみ氷床がある状態（現在の状態）、全球凍結状態という3つの安定な状態があり、ときによりそれぞれの状態をとっているとも考えられます。

詳しく見てみます。地球の温度は太陽からの入射エネルギー（実際に地球が吸収するエネルギー）と、地球からの放射エネルギーのバランスで決まります。太陽からの入射エネルギーは太陽の活動が安定していれば、基本的には太陽からの距離によって決まります。しかし、地球の表面の様子によって吸収できる太陽エネルギーが大きく違います。スノーボールアース時代は地球全体が白色なので太陽のエネルギーをほとんど吸収できません。80〜90％反射してしまうのです。スノーボールアース時代のアルベドは0・8〜0・9です。現在の地球のアルベドは30です。無氷床期はこれよりさらに小さい値だったでしょう。

地球からの放射エネルギーは、基本的には地球表面の温度で決まります。一般的には、温度が高いほど放射エネルギーは多くなります。ただ実際は地球に大気があるために少し複雑です。温度が上がると海水からの蒸発が盛んになり、また石灰岩が分解して出てくる二酸化炭素もあるので、それらの温室効果のために温度が上がるほど放射エネルギーが減ることもあります。もちろん、海水全部が蒸発して、また石灰岩もすべて分解してしまえば、また温度の上昇とともに放射エネルギーが増えていきます。こうして地球からの放射エネルギーは、温度が上昇すると、かえって放射エネルギーが減ることがあります。図8－4の地球からの放射エネルギーがそれを示しています。右下がりになっているところがこの領域です。

こうしたそれぞれの状態で、地球が吸収する太陽エネルギーと地球が放射するエネルギーが等しくなる温度が決まります。現在と比べ、スノーボールアース期は、吸収する太陽エネルギーが小さくなるので、A点が吸収するエネルギー＝放射するエネルギーとなる温度です。現在がB点、無氷床期がC点です。

図8－4の黒丸（A、B、C、D）のところが安定な平衡点です。白丸のところでも、吸収エネルギー＝放射エネルギーとなっていますが、ここは不安定な平衡点です。安定・不安定は、坂道にボールを置くことをイメージするとわかります。図8－5の坂道でボールをそっと置いたとき、ボールが止まる点が2か所あります。谷底と山の頂です。谷底に置いたボールは、少し左右に動かしてもまたもとの谷底に戻ります。ここは安定な状態です。一方、山の頂に置いたボールは、少しでも左右にボールを動かすと坂道を転げ落ちてしまいます。山の頂の一点だけで止まることができるけれど、少しでもずれるともとには戻ることができない不安定な状態だとわかります。

地球の温度の黒丸は安定な平衡点です。温度が少し下がると吸収するエネルギーの方が放射するエネルギーより大きくなり、地球は温まってもとに戻ります。温度が少し上

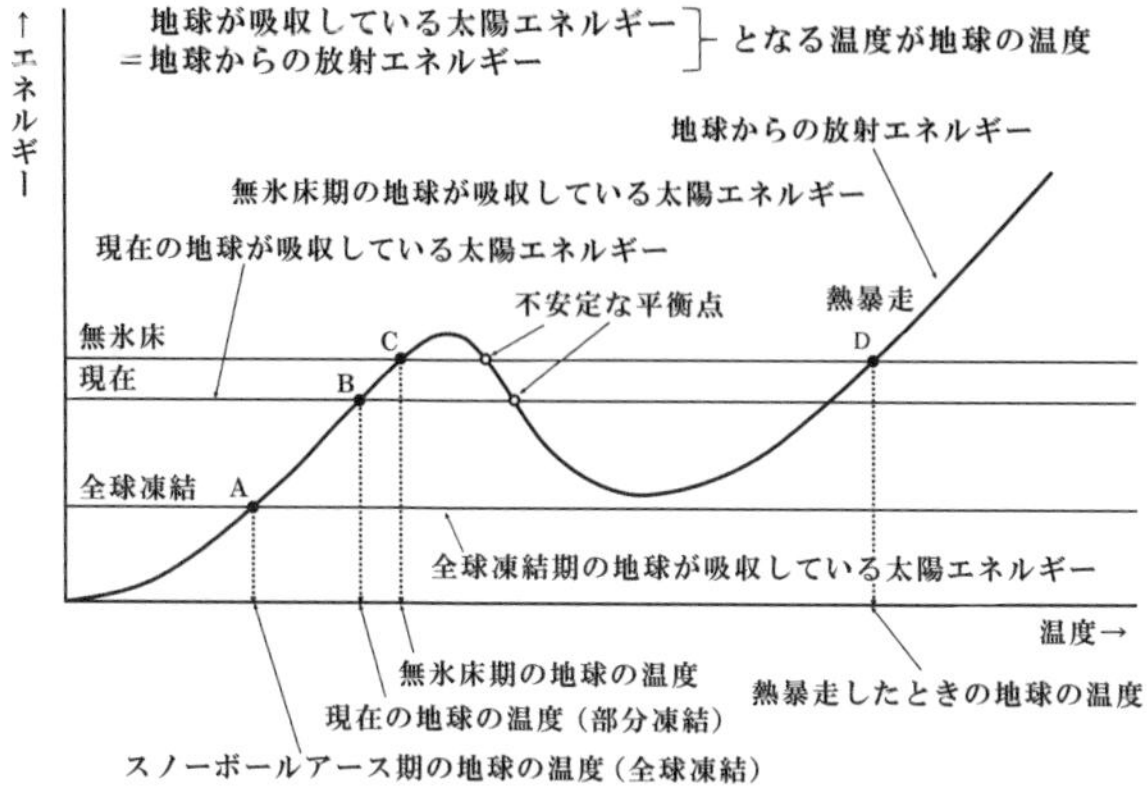

図8-4　スノーボールアース期、現在（部分凍結期）、無氷床期の地球の温度。それぞれが安定な状態になっている。

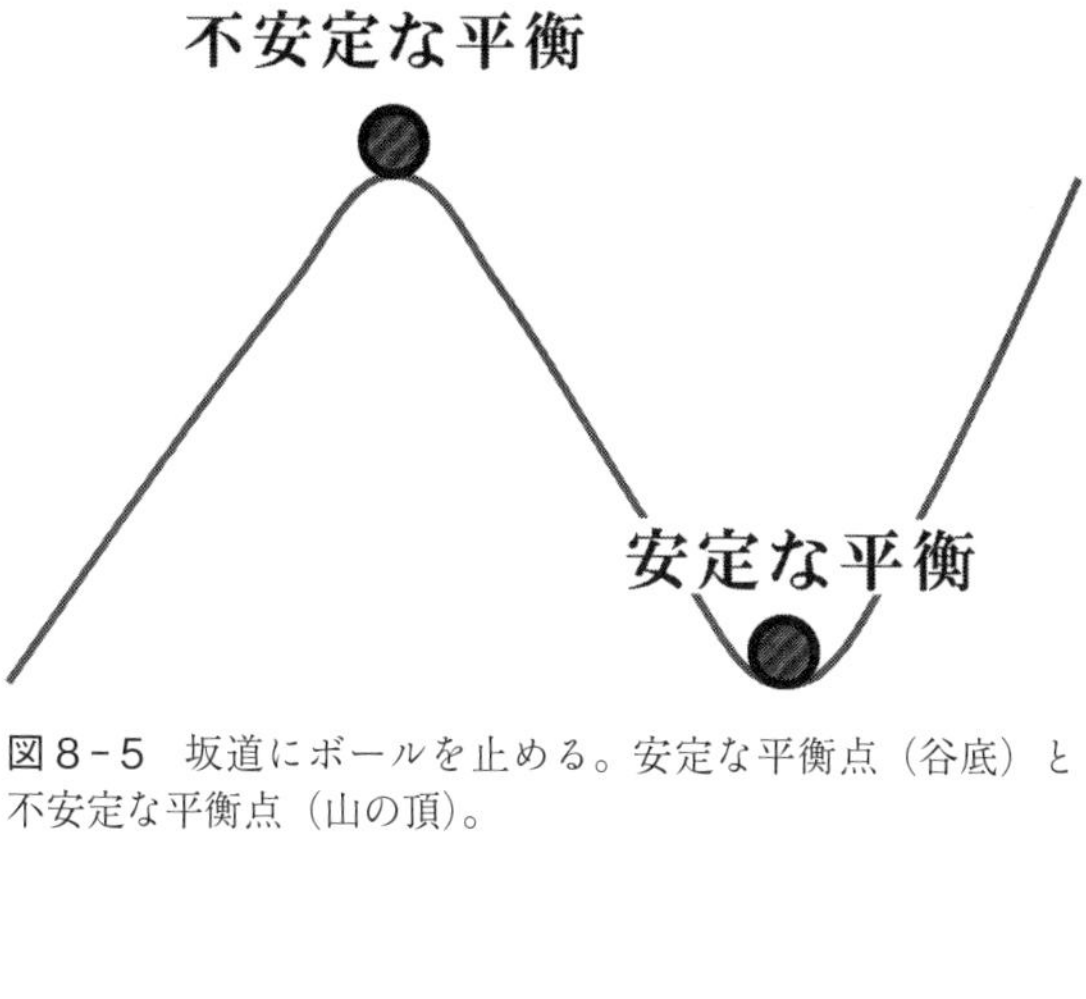

図8-5　坂道にボールを止める。安定な平衡点（谷底）と不安定な平衡点（山の頂）。

がると、こんどは吸収するエネルギーが放射するエネルギーより小さくなり、地球は冷えて元に戻ります。ここは負のフィードバックが効いているのです。でも白丸は不安定な平衡点、正のフィードバックが効いている点です。ここで、温度が少し下がると吸収するエネルギーが放射するエネルギーより小さくなり、地球はどんどん冷えていってしまいます。温度が少し上がると、こんどは吸収するエネルギーが放射するエネルギーより大きくなり、地球はさらに温まっていくことになります。つまり、少しでも温度が上がり始めると熱暴走を始めてしまうのです。図8-6も参照してください。

金星の表面温度が460℃にもなっているのは、かつて熱暴走したためだと考えられています。金星は90気圧の大気のほとんどが二酸化炭素です。金星にも地球のように、海と石灰岩があったかもしれません。でも熱暴走を始めた結果、海水は全部蒸発、水蒸気は上空で太陽の紫外線のために水素と酸素に分解する、水素は軽いので宇宙へ逃げ出して金星からは失われる、酸素は地表の岩石を酸化させることによってなくなる、そして石灰岩が分解してできる二酸化炭素だけは残り、分厚い大気の主成分になる、となってしまったのです。

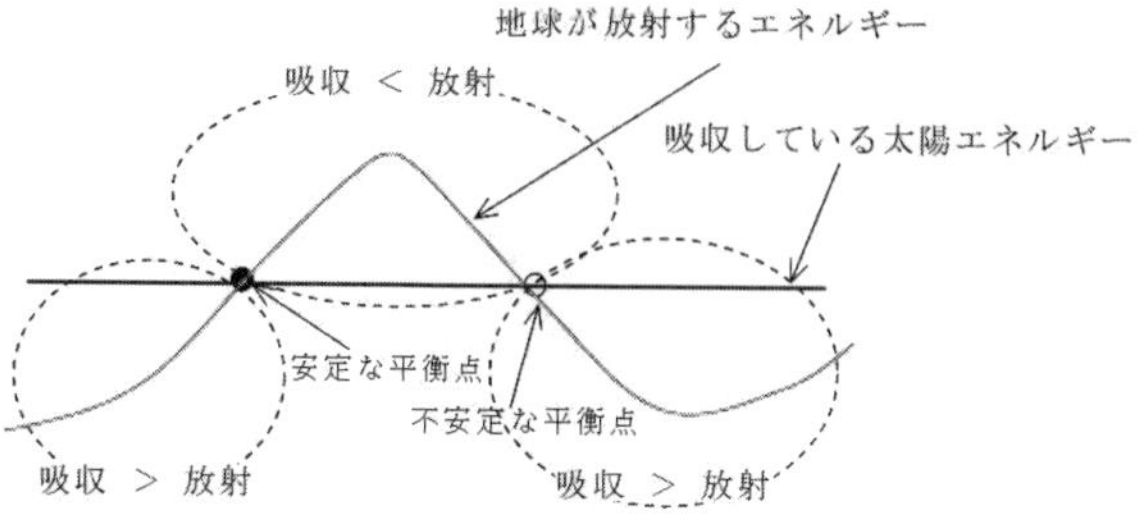

図8-6　吸収量＝放射量となる二つの点。黒丸は安定な平衡点、白丸は不安定な平衡点。

地球の場合は金星よりも太陽から遠いので、熱暴走しても200℃程度（図8-4の平衡点D）でしょう。でも、生物は生存することができない世界になってしまいます。これについては、この章の最後で考えることにします。

スノーボールアースの時代は、極端な低温の地球になっていたために生物の生存は難しい時代でした。でも、火山活動は継続していました。だからそのときの生物は、火山活動に伴う地熱・熱水があるところで細々と生き続けていたに違いありません。そして、最後のスノーボールアース状態が終わった後に爆発的な進化を遂げたのです。それが古生代の始まり（5億4000万年前）に起きた「カンブリア爆発」という生物の大進化と爆発的増加という一大事件と関係しているのかもしれません。

人類が生きている現在は、地質時代区分では第四紀（260万年前から現在まで）という時代です。第四紀は地球史の中ではかなり寒冷な時代です。この〝寒冷〟を生き抜いて人類は大進化を遂げたのかもしれません。

【氷河期と氷期】

地球上に氷河がある時代を氷河期（氷河時代）といい、その氷河期の中でも寒い時期を氷期といいます。氷期と氷期の間の少し寒さが緩んだ時期を間氷期といいます。7万年前に始まった最終氷期は約1万年前に終わり、現在は間氷期です。いつ次の氷期が来るのかはわかりません。ただ、来ることだけはほぼ確実です。

火山の超巨大噴火

長い地球史ではすさまじい超巨大噴火がありました。地球内部が今より熱かったころには何回も起こったと思われます。古い時代のものは侵食によって失われているのでよくわかりませんが、それでも2億5000万年前からの記録は比較的よく残っています。

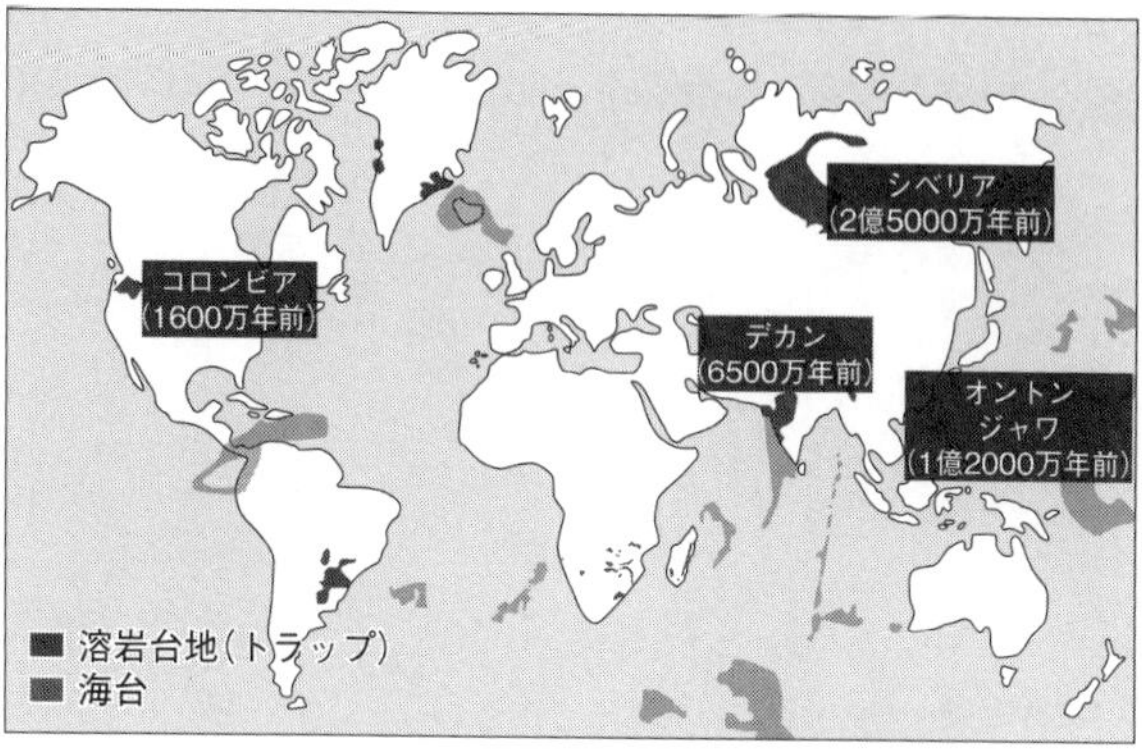

図8-7　世界の溶岩台地と海台（2億5000万年前以後）

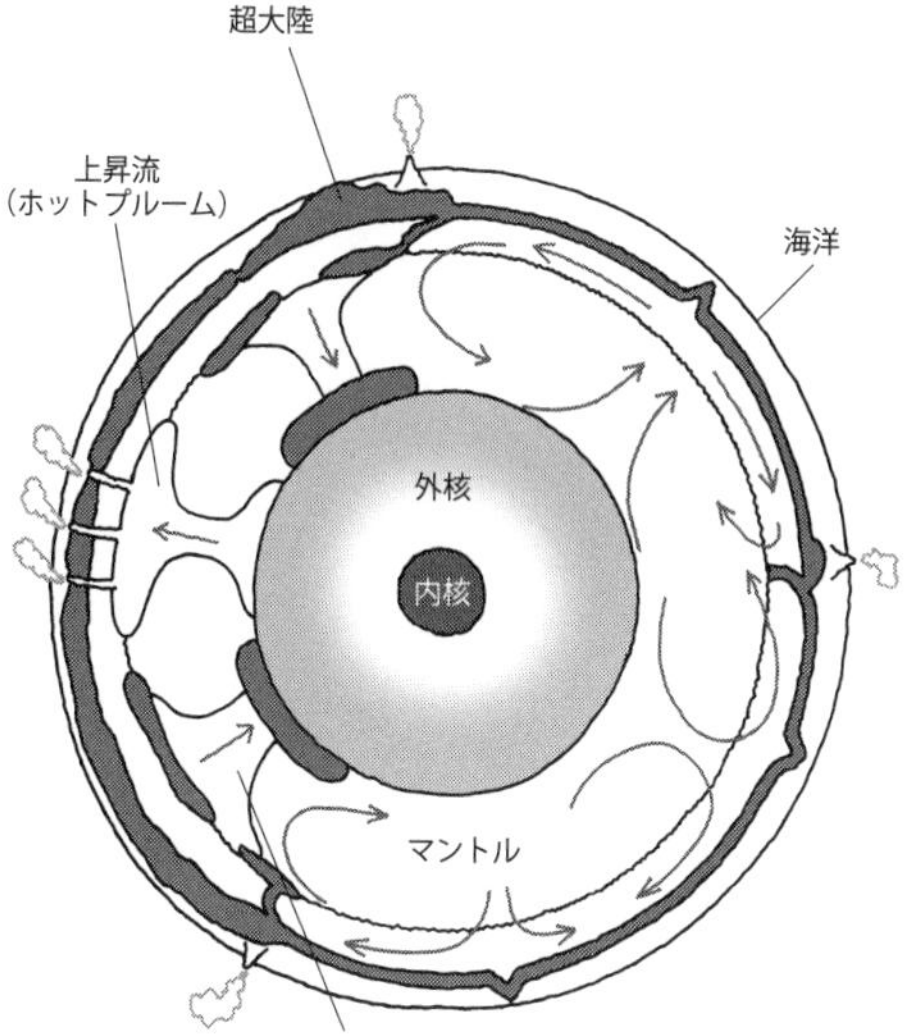

図8-8　ホットプルームが上昇してマグマを作る

図8－7の陸での溶岩台地、海での海台がそのあとです。比較的短い時間内に（短いといっても地球史の中で短いという意味で、じっさいは100万年のオーダーの年月です）、玄武岩が長大な割れ目から大量に何回も何回も噴き出て幅広い地域に分厚く重なり、平坦で広大な台地状の地形を作りました。

溶岩台地や海台は、マントルの奥深くからわき上がってくるマントルプルーム（ホットプルーム）がマントル上部に達して大量の玄武岩質のマグマを作り、そのマグマが巨大な割れ目から一斉に噴き出て、高温で流れやすい玄武岩質マグマは薄く広がって広範囲を覆う、こうした噴火が繰り返されて、広大で平坦な溶岩台地や海台が作られました。

超巨大噴火によって噴き上げられた大量の火山灰が成層圏に広がり、太陽の光を遮ります。こうしてまず地球全体が冷えていきます。しかしやがて、火山ガスに含まれる二酸化炭素も大量に噴き出てくるために、その温室効果によって今度は地球の気温が上昇していきます。地球が温暖化すると、メタンハイドレート（氷の結晶の中にメタンが閉じ込められている状態、ツンドラや深海に存在する）が壊れて、メタンも噴き出してきます。メタンは二酸化炭素よりも強い温室効果ガスです。メタンのためにますます地球の温度

図8-9　海水の大循環
グリーンランド付近で形成される冷たく塩分濃度が高い海水が沈み込み深層流を作り、さらに南極付近でも冷たい塩水が加わりインド洋や北太平洋で上昇して、さらに表層近くで地球を1周する。1周する時間は数千年。

が上がります。

極地域の温度が上がると、極地域からの海水の沈み込みも止まります。ふつうは極では海水が凍ることによって、海水が凍ってできる氷は塩分を含まない氷なので、もともと低温で密度の高い氷の周りの海水の密度がさらに上がることによって、この冷たく塩分濃度の高い海水が深海へと沈んでいきます。これが、海水の大循環を駆動しています。

それがストップしてしまうと、表層の海水と深海の海水が入れ替わらなくなって海水の酸素がなくなり、海水が無酸素状態になるのです。極端な地球温暖化になると、大きな変動を受けにくい海洋も大きく変化して、陸も海も生物の存在が厳しい環境になってしまいます。

こうした超巨大噴火の中で注目されるのが、2億5000万年前のシベリア溶岩台地と、6600万年前のインドのデカン溶岩台地です。

シベリア溶岩台地の広さは西ヨーロッパ全体に匹敵、日本の50倍もの広さがあります。溶岩台地の中でも空前の広さです。2億5000万年前は空前の生物大絶滅が起きた時期、地球史の古生代と中生代の境、P/T（ペルム紀 Permian と三畳紀 Triassic）境界と一致しています。このとき存在していた生物種の96%が絶滅し、生き残ったのはわずか4%だったといわれています。シベリア溶岩台地の超巨大噴火が、この大絶滅の原因となった可能性があります。

インドのデカン溶岩台地の広さは日本の約1・5倍です。しかし、西半分は侵食により失われたと考えられているので、当時はいまの倍、日本の3倍もの面積でした。厚さも2000メートル以上あります。ここでも大量の玄武岩質溶岩が噴出したのです。6600万年前は恐竜などが絶滅した時期です。地球史の中生代と新生代の境界であるK

／Ｐｇ（白亜紀 Kreid と古第三紀 Paleogene）境界と一致しています。恐竜ばかりか、生物種の75％が絶滅した時期です。ただ、この大絶滅の原因は次項の巨大隕石の衝突であるという説の方が強いです。

約１億２０００万年前のオントンジャワ海台も日本の３倍以上の面積があります。このときも、火山ガスによる地球温暖化↓海水の無酸素状態となり、かなりの生物が絶滅したともいわれています。

また、コロンビア川台地を作った火山活動の名残りが、アメリカ合衆国のイエローストーン国立公園です。イエローストーン火山は、過去２００万年の間に60万年ほどの間隔で３回の巨大噴火を起こしてきました。最後の噴火から64万年経っているので、近い将来の巨大噴火が心配されている火山です。もしそうした噴火が起これば、アメリカ合衆国北部とカナダ南部は壊滅的な被害を蒙るでしょう。

巨大隕石の衝突

２０１３年２月、ロシアのチェリャビンスク州に落ちた隕石は、落ちるところが複数のカメラで撮影されました。隕石本体は火の玉となり、航跡に煙を残しながら地球に激突しました。幸い分裂しながら落ち、小さな破片は大気との摩擦で燃え尽き、大きな破片は湖に落下したため、隕石そのものによる被害は出ませんでした。でも、超音速で大気を切り裂いたために生じた衝撃波で建物が損壊を受け、けが人も出ました。

分裂する前の本体の大きさは、数mから20m程度、質量は1万トン程度と推定されています。秒速20㎞のまま、途中で分裂しないで地表を直撃したら、そのエネルギーは2×10^{15}J《ジュール》にもなります。2×10^{15}Jのエネルギーは、マグニチュード（M）7の地震のエネルギーと同じです。1975年の兵庫県南部地震がM7・3でしたからそれに匹敵するエネルギーです。あまりいいたとえではありませんが、広島に落とされた原爆の20倍以上のエネルギーです。わずか直径10mクラスの隕石でもこのくらいの衝撃です。

6600万年前に落ちた隕石の直径は10㎞程度だったと推定されています。直径がチェリャビンスク州に落ちた隕石の10^3倍（1000倍）、つまり体積にすると10^9倍（10億倍）、質量も10^9倍（10億倍）にもなります。衝突エネルギーは質量に比例するので、直径10㎞の隕石が秒速20㎞で地表に激突したら、そのエネルギーは10^{24}Jにもなります。これはM9・0だった2011年東日本大震災の100万倍ものエネルギーです。広島型原爆だと200億発の威力です。想像することも難しい破壊力です。

落ちた場所はメキシコ湾ユカタン半島付近だったと考えられます。最近の研究ではユカタン半島の一部を含めて、直径160km（東京―静岡を超える距離）に達する巨大なクレーター（隕石孔、チクシュルーブ・クレーター）の存在も確認されています。

アメリカのテキサス州あたりでこれを見ていた恐竜は、まずすさまじい光を見たあと、少し遅れてやってくる衝撃波ではじき飛ばされ、さらに遅れてやってくる高さ数百mの津波に洗い流されてしまったでしょう。その後、衝撃の際に吹き飛ばされた熱い岩石の小片が降り注ぎ、森林などあらゆるものを燃やし尽くします。

世界中の空は塵《ちり》に覆われ、太陽の光が地表にはほとんど届かない、つまり植物の光合成が途絶える期間が長く続くことになります。長く暗い冬の季節が続くのです。ただ、隕石が落下した場所が石灰岩地帯だったために、その石灰岩が分解して生ずる二酸化炭素の温室効果のために異様な高温になったという研究者もいて、隕石衝突後のシナリオは未確定です。

世界中の空から塵が落下して、きれいな空に戻るには数千年、数万年かかったことでしょう。このとき落下した隕石が砕かれてできた塵は世界中に分布しています。地球表面近くではほとんど見られない、でも隕石には含まれるイリジウムが、このとき堆積した粘土質の地層（6600万年前の中生代―新生代の境界、K／Pg境界）に見つかるのです。

このことを発見したのは、R・アルバレス（アメリカ、1911～88、1968年のノーベル物理学賞受賞者）と、息子のW・アルバレス（アメリカ、1940～）父子で、1980年のことです。これまでの地質学は斉一説という、過去から現在まで同じような地質現象が粛々と続いてきた、だから「現在は過去を解く鍵」という立場が主流でした。隕石衝突による生物の大絶滅など「天変地異説」は荒唐無稽だと思われてきたのです。そういう意味で、アルバレス父子の研究は、地球の歴史観を一変させるもの、天変地異もあり得るということを科学的に立証したものでした。

いずれにしても、このときに恐竜や翼竜、魚竜などの大型爬虫類《はちゅうるい》ばかりか、海ではアンモナイト類も絶滅しています。

6600万年前は、前の項で書いたインド溶岩台地ができたころとほぼ同じ時期です。ですから、恐竜などの絶滅は隕石衝突と、超巨大噴火の相乗作用だったという研究者もいます。さらには、この隕石衝突の衝撃が地球の裏側に集まり、それが超巨大噴火の引き金になったという研究者もいます。また、恐竜は6600万年前以前から衰退に向かっていて、この隕石衝突はとどめを刺しただけという研究者もいます。このあたりもよくわかっていません。

ただ、直径10kmの大きさは、地球の直径1万2800kmと比べると、とても小さいと考えることもできます。いま隕石の直径を12・8kmとすると、その大きさは地球の1000分の1にしか過ぎません。JR在来線（山手線など）の電車の多くは長さは20mです。20mの1000分の1だと2cmです。つまり恐竜を滅ぼしたという隕石の衝撃は、走行中のJRの電車に直径2cm（1円玉の大きさ）の小石がぶつかったのと同じです。車体に凹みはできるでしょうが、電車の走行にはまったく差し支えのないレベルの衝撃です。つまり、この隕石の衝突は地球の自転・公転にはほとんど影響を与えなかったのです。

しかし見方を変えると、直径12・8kmは、地球の大気でいうと、われわれが暮らしている対流圏を突き破り、成層圏（成層圏下部は国際線の飛行機が飛んでいる高さ、富士山の3倍の高さ）に達する大きさです。人類をはじめ、地球上のほとんどの生物が一年中安定して生活をできるのは、せいぜい標高5000mくらいまででしょう。これは地球の半径の1000分の1以下です。半径30cmの地球の形をコンパスで描くと、0・3mmの幅でしかありません。描いた鉛筆の線の太さにもならないくらいの幅です。

でも、わずかのこの厚さ（高さ）でも、環境は大きく違ってきます。標高が100m高くなるごとに気温は約0・6℃ずつ下がります。富士山の麓の海辺で気温が20℃のとき、富士山の頂上（高さ約3・8km）では、気温は約23℃下がって、マイナス3℃になっています。一方水平方向に3・8km移動しても（徒歩で約1時間の距離）、気温はそれほど変わらないでしょう。生物は高さによる制約、言葉を換えると重力による制約を強く受けているのです。水平移動は簡単でも、垂直移動は大変です。

いずれにしても、地球の大きさと比べてこんなに薄いところに人類をはじめとする生物は生存しているのです。生物が生存している環境は脆弱なのです。40億年以上生物が存在し続けてきたことは奇跡的なことだったのかもしれません。

逆に生物は環境の大激変にも生き残るだけの能力を持っているともいえます。6600万年前に生物が大絶滅をしたということは確かなことです。しかし、生き残った生物もいます。いままでは、なぜ生物は絶滅したのかという考察は多かったのですが、なぜそんな大激変を乗り越えて、生き残った種があるのかという考察はあまりなかったと思います。

巨大隕石衝突後の暗く長い冬、植物の光合成が途絶えて新しい食糧が得られなくなった世界でなぜ、生き残ったものがいるのか、とくに外気温によって体温が変化してしまう変温動物に対して、外気温が変化しても体温が変化しない恒温動物である哺乳類や鳥類が生き残ったのかとても不思議です。恒温動物は体温を維持するために、変温動物よりも新陳代謝が活発です。つまり、恒温動物は変温動物よりもたくさんの食糧が必要です。それは体重あたりにすると10倍にもなるといわれています。変温動物が食糧難で死に絶えたとき、大食漢の恒温動物がなぜ生き残ることができたのか、これを考える必要があると思います。

筆者は漠然と、それは生き残った鳥類や哺乳類は虫（昆虫など）を食べていたと考えています。虫の中には枯れたり腐ったりした草木のセルロースを分解できるものがいます。新鮮な食べ物がなくても生きていけるのです。ですからそうした虫を食べることができれば、鳥類や哺乳類も生き残れます。実際鳥類の中には虫を食べるものは多いし、生き残った哺乳類は食虫類と考えられています。将来、食糧難の時代が来たら、現在の人類も昆虫食をまじめに考えなくてはならないかもしれません。

では、こうした生物の大絶滅を引き起こす巨大隕石の衝突は６６００万年前以外にもあったのでしょうか。地球上では侵食作用のために古いクレーターはほとんど残っていません。でも、衛星を使った探査（大規模なクレーターの地形）、現地での調査（衝突でできた鉱物の有無など）から、地球にもたくさんの大きなクレーターがあるということがわかってきました。

有名なのはアメリカ西部アリゾナ州のバリンジャー・クレーターでしょう。このクレーターを作ったのは、約5万年前に落ちた直径30〜50mの鉄隕石だった考えられています。

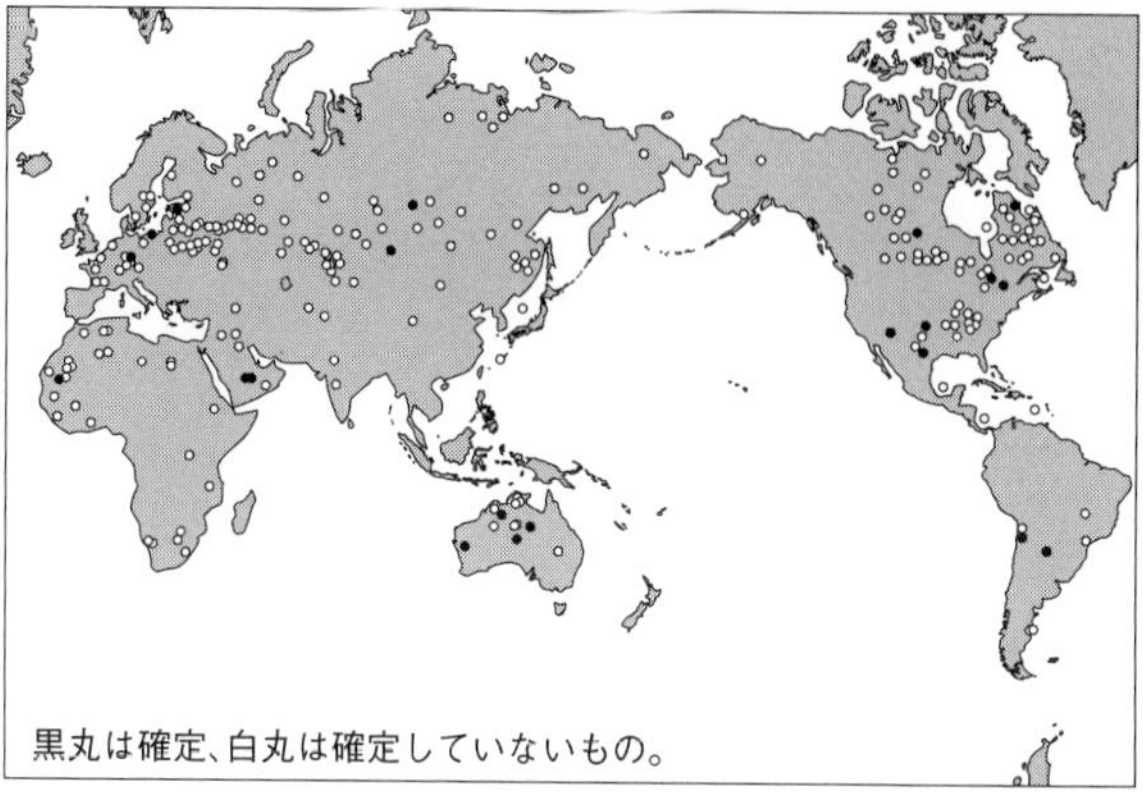

図8-10　地球上のクレーター（神奈川県立生命の星・地球博物館資料より）

現在見つかっている直径100km以上のクレーターは5個から10個、見つかっている中で最古のものは18億年以上前といわれています。18億年で10個とすると、巨大隕石衝突の平均間隔は2・0億年となります。現在最も新しいものが6600万年前ですから、まだ少しは大丈夫かもしれません。ただ、あくまでもこれまでの平均間隔が2・0億年ということだけなので、今後の保証にはなりません。

2013年のロシアの隕石は、地球に衝突するまで見つけることができませんでした。もう少し大きかったら事前に見つかった可能性はあります。生物の大絶滅を招くような巨大隕石は地球と衝突するかなり前に、地球と衝突する軌道で近づいていることはわかると思います。ただわかっても、現在の技術では対処の方法はありません。映画の世界とは違います。

大陸の集合離散

大陸は移動するということと、その背景の理論プレートテクトニクスは多くの方が知っていると思います。石炭紀（2億5000万年前）から始まった超大陸パンゲアの分裂移動の図8－11も、ご覧になっている方が多いと思います。

では、将来はどうなるのでしょう。現在ハワイは1年で6cmから8cmの速さで日本に近づいています。日本とハワイの距離は6600kmですから、このままでは1億年もしないでハワイは日本とくっつくことになります。歩いてハワイに行けるようになるのです。

そればかりではありません。オーストラリアもニューギニアやインドネシア、フィリピンの島々を押し上げながら日本に近づいていて、このままでは1億5000万年後には日本とくっつきます。フィリピンやオーストラリアも歩いて行けるようになるのです。

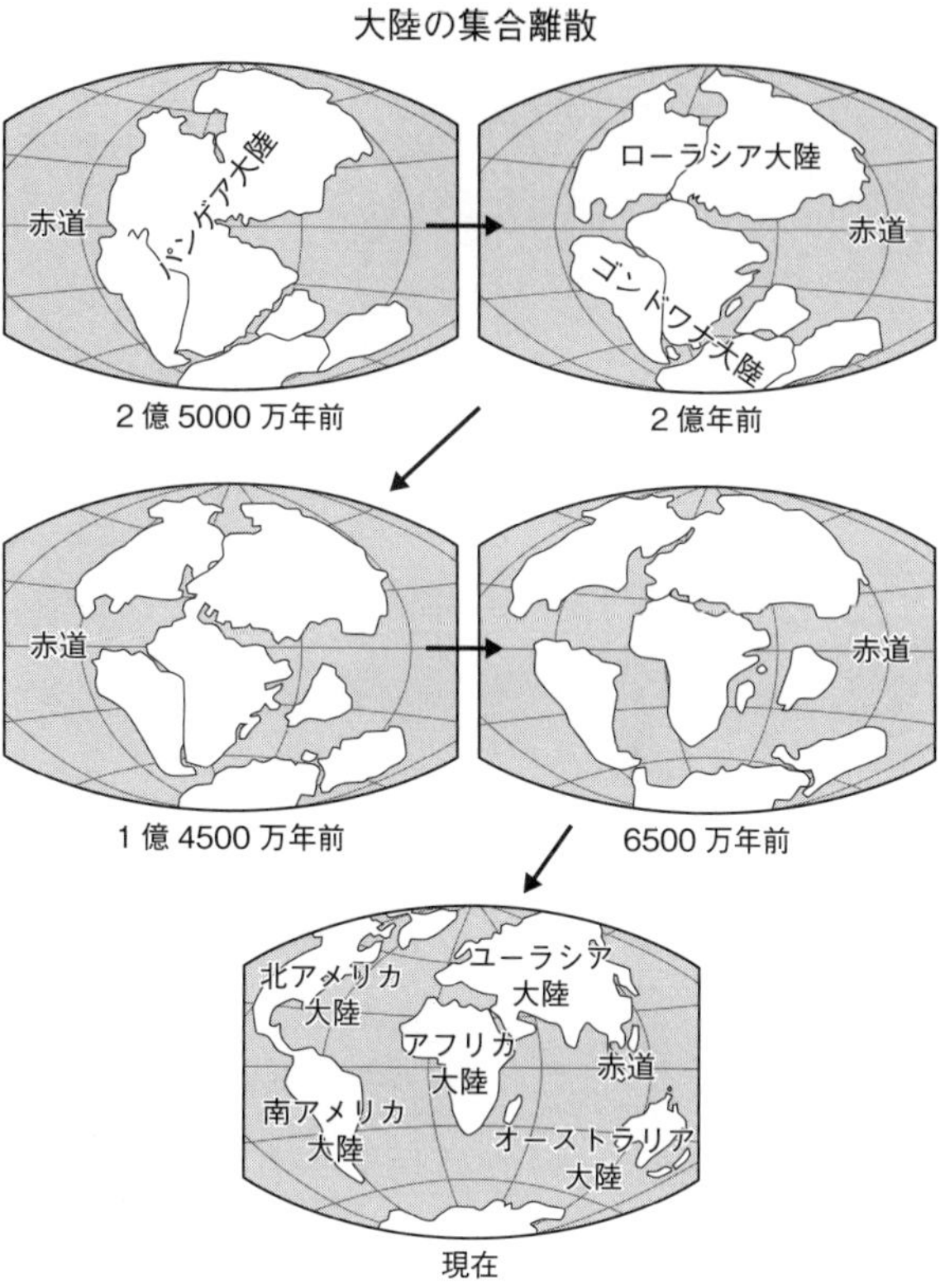

図8-11　2億5000万年前から現在までの大陸の配置

ではそのときに日本列島はどうなっているのでしょう。日本列島はハワイ諸島をのせた太平洋プレート、さらにはフィリピン諸島をのせたフィリピン海プレートに押されて、朝鮮半島、さらにはアジア大陸に押しつけられ、くっついてしまいます。1500万年前にアジア大陸から分裂移動して今の位置になった日本列島は、再びアジア大陸に併合されてその一部となってしまいます。

ではこのような大陸の分裂や集合はどうして起こるのでしょう。超大陸ができると、マントルに蓋をする形となり、熱が宇宙に出にくくなります。そしてそこが高温になってマントルプルームが上昇します。こうして先に述べた火山の超巨大噴火が引き起こされます。その結果、超大陸は分裂して離散していきます。しかし地球表面は一定の面積しかないので、分裂した大陸は地球の反対側にまた集まってきてしまいます。こうして大陸は再び一つの超大陸になるのです。

地球上でプレート運動が始まって以来、こうした大陸の集合離散は数億年から5億年程度の周期で何回も繰り返されたことになります。大陸の集合離散を最初に提唱したT・ウィルソン（カナダ、1908〜93）の名を取って、この大陸の集合離散をウィ

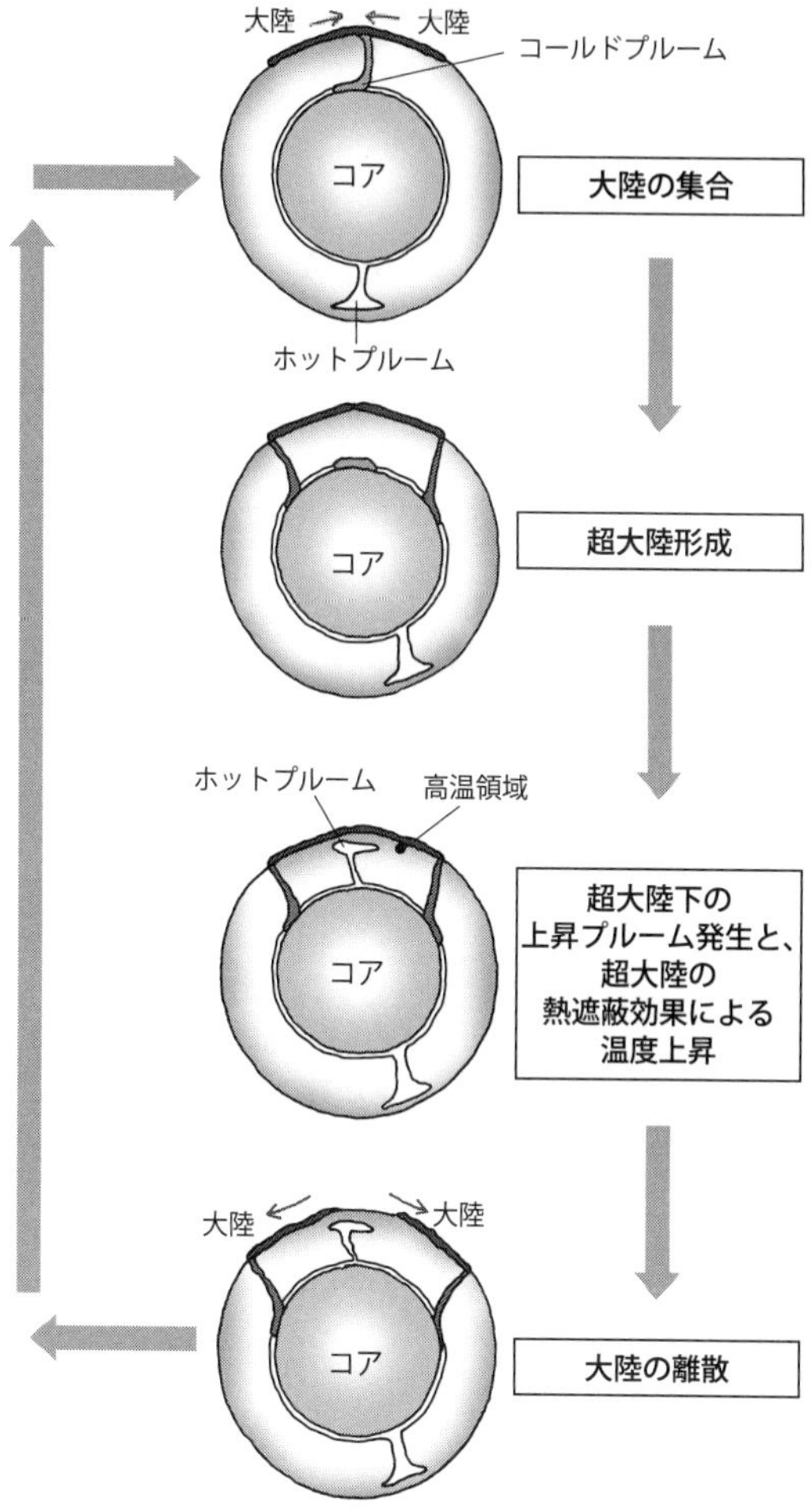

図8-12　マントルプルームと大陸の集合離散（JAMSTECを参考に作成）

ルソン・サイクルといいます（第五章）。

生物にとっては、大陸の集合離散はどのような意味を持つのでしょうか。まず、この大陸の集合離散が火山の超巨大噴火を伴うものだとすると、それは生物の大絶滅を招く可能性があります。

さらに、大陸が分裂して互いに孤立することによって、大陸ごとに違う生物が進化していくことになります。例えば早くから孤立したオーストラリアとその周辺、そして南米では、カンガルーやコアラのような有袋類が進化しました。他の大陸では、後に誕生した真獣類（有胎盤類）との競争に敗れて絶滅してしまいました。オーストラリア周辺は、真獣類が侵入しなかった（できなかった）ために、有袋類が独自の進化を遂げて発展していきました。一方南アメリカ大陸の有袋類はパナマ地峡ができて北アメリカ大陸と繋《つな》がり、北アメリカから真獣類が侵入してきたために、オポッサム以外は衰退して滅んでいきます。

大陸の分裂による隔離が、生物のさまざまな種の形成の原因ということは確実なことです。

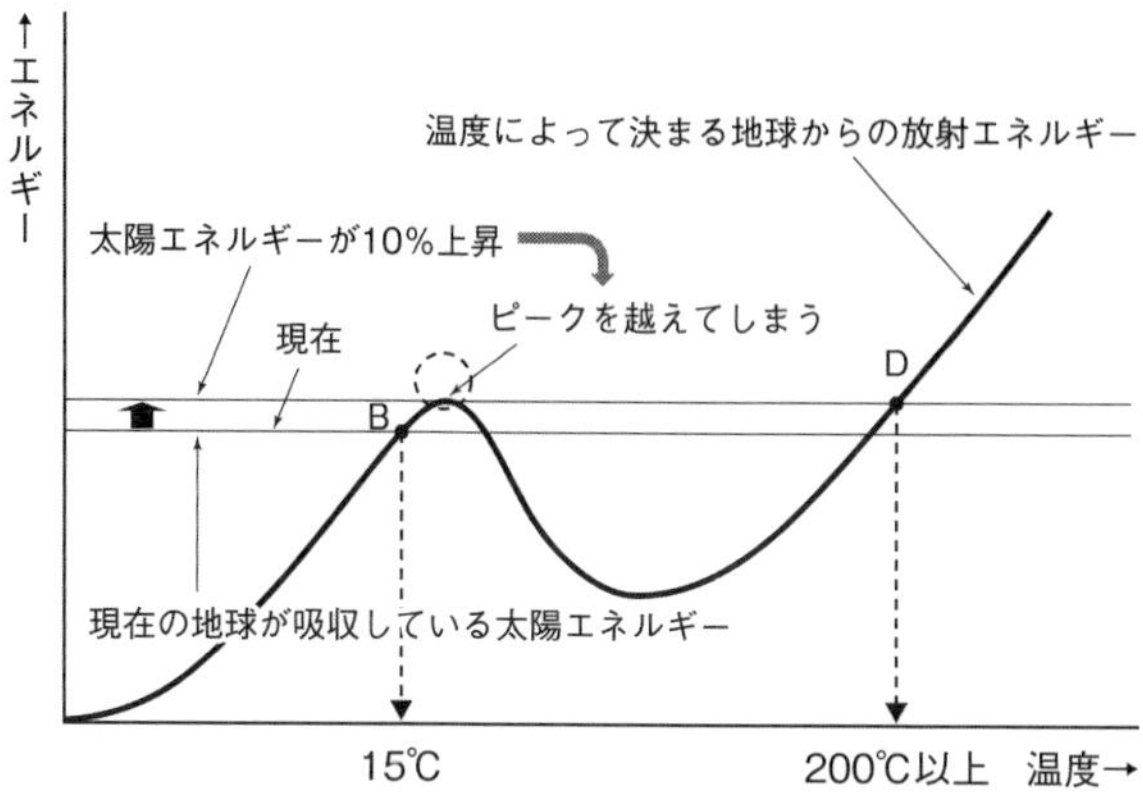

図８－13　熱暴走のメカニズム

太陽系の最後

幾多の天変地異を乗り越え、生き続けた生物ですが最後のときも来ます。それは太陽が永遠に今の姿を保つというわけにはいかないからです。太陽は30億年後、次第に膨張を始めます。膨張によって太陽の表面温度は下がっていきますが、その表面が近づいて、やがては地球の軌道を飲み込むほどまで膨張します。そのときの太陽の表面温度は現在の６０００℃から３０００℃くらいにまで下がっているでしょう。でも、３０００℃というと岩石や鉄が融けるどころか、気化して気体になってしまうほどの温度です。地球がその形を保つことができるかもわからない状態になってしまいます。当然、人類を含めた地球上のあらゆる生物は死に絶えます。

もちろんこんなになる以前に、地球の表面は大変な状態になっています。地球が吸収する太陽エネルギーと、地球の表面温度によって決まる地球からの放射エネルギーの関係のグラフ図8－13で見てみます。現在は図のB点という安定な平衡点（吸収するエネルギー＝放射エネルギー）で、約15℃です。太陽エネルギーが増加すると、B点は少しずつ温度が高い方である右へずれていきます。しかしこれは、B点が地球からの放射エネルギーのピークになるまでの間だけです。太陽のエネルギーがこのピークを越えてしまうと、安定な平衡点が一気にD点になってしまいます。これが熱暴走です。地球からの放射エネルギーが右下がりになっているところは、地球の表面温度が上がるほど、地球からの放射エネルギーが少なくなるという正のフィードバックが効いてしまうのです。

太陽そのものが膨張を始めたら最後です。ただ、それは30億年以上も先のことなので、人類がそこまで存続している可能性はきわめて低いです。ただ、もし人類が生き残っていたら、その存亡をかけて太陽系を脱出して、生存が可能な別の惑星系を探す旅に出ることになるでしょう。

第九章　環境の危機が生物の大進化を招く

真核生物への進化

地球は幾たびも環境の大変化を経験してきました。なかには生命の存続すら危ういできごともありました。その第一は、生物自らが作り出した酸素です。酸素は生物の体そのものである有機物を破壊します。でも、その酸素を使うとエネルギーを効率よく得ることができます。

われわれもその仲間である真核生物は酸素を利用しています。バクテリアやアーキアなどの原核生物から真核生物へのジャンプは、生命の進化の中でも一番大きなジャンプともいわれています。

真核生物はその名の通り、遺伝子（ＤＮＡ）が細胞内の核に納められています。また、ミトコンドリアや、さらに植物ならば葉緑体という細胞内の小器官があります。一方バクテリアやアーキアでは、遺伝子は細胞中に散らばって存在していて、ミトコンドリアや葉緑体という小器官もありません。

真核生物の細胞は原核生物の細胞と比べてその大きさがかなり違います。真核生物は100分の1㎜程度の大きさですが、原核生物は1000分の1㎜程度しかありません。体積にすると1000倍もの違いがあります。

現在では、原核生物から真核生物への進化は、共生によって行われたと考えられています。真核生物の祖先となる大きな原核生物が、酸素を使ってエネルギーを得る能力を獲得した原核生物（好気生物）、また光合成の能力を獲得した原核生物（シアノバクテリアに近い？）を、何らかの原因で体に取り入れたところ、エネルギーや有機物を作ってくれるというメリットを受けるので、そのまま消化せずに体内に残すようになった、一方酸素を利用できたり、光合成を行うことができたりする小さな原核生物にとっても、大きな原核生物の体の中にいた方が安全、というお互いにとっての利益があるのです。

この真核生物の起源として共生説を唱えたのは、かつてはカール・セーガン（119ページ）の妻でもあったリン・マーギュリス（アメリカ、1938〜2011）で、1967年のことでした。当時は一笑に付された説でしたが、現在では多くの支持を集めて

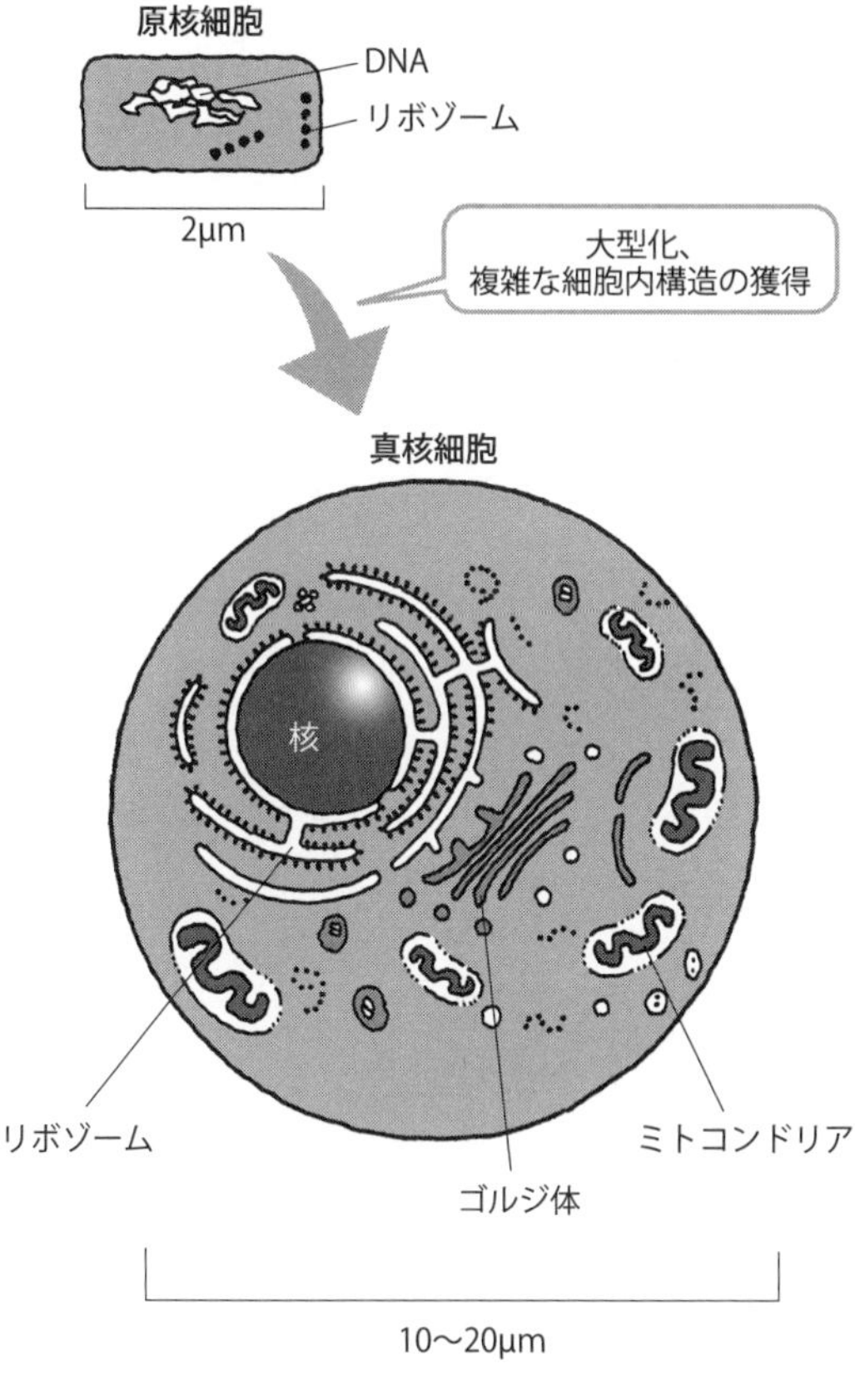

図９－１　原核生物と真核生物の細胞
1 μm（マイクロメートル）は 10^{-6}m（100 万分の 1 m）、10^{-3}mm（1000 分の 1 mm）

います。

酸素を利用できる原核生物が真核細胞内のミトコンドリアとなり、光合成を行うことができる原核生物が植物細胞内の葉緑体となったというわけです。じっさい、ミトコンドリアも葉緑体も独立した細胞のように、自分自身のＤＮＡを持っています。もっとも長い共生の結果、そのＤＮＡの増殖に関わる部分は共生した細胞の核に取り込まれてしまったので、ミトコンドリアや葉緑体だけでは増殖できなくなっています。

シアノバクテリアが登場して、海水中に酸素がたまりだしたのが29億年前です。つまり、それ以前にすでにシアノバクテリアがいたことになります。酸素を利用できる（好気呼吸ができる）生物の誕生はいつのころかわかりません。すでに29億年前にはいた可能性があります。真核生物のはっきりとした最古の化石は21億年前です（１６９ページ）。

いずれにせよ、みずから作ってしまった酸素という毒であったものを有効に使うことによって、生物は大きな発展をすることができました。生物みずからが変えた地球の環境を利用する新たな生物が誕生したのです。

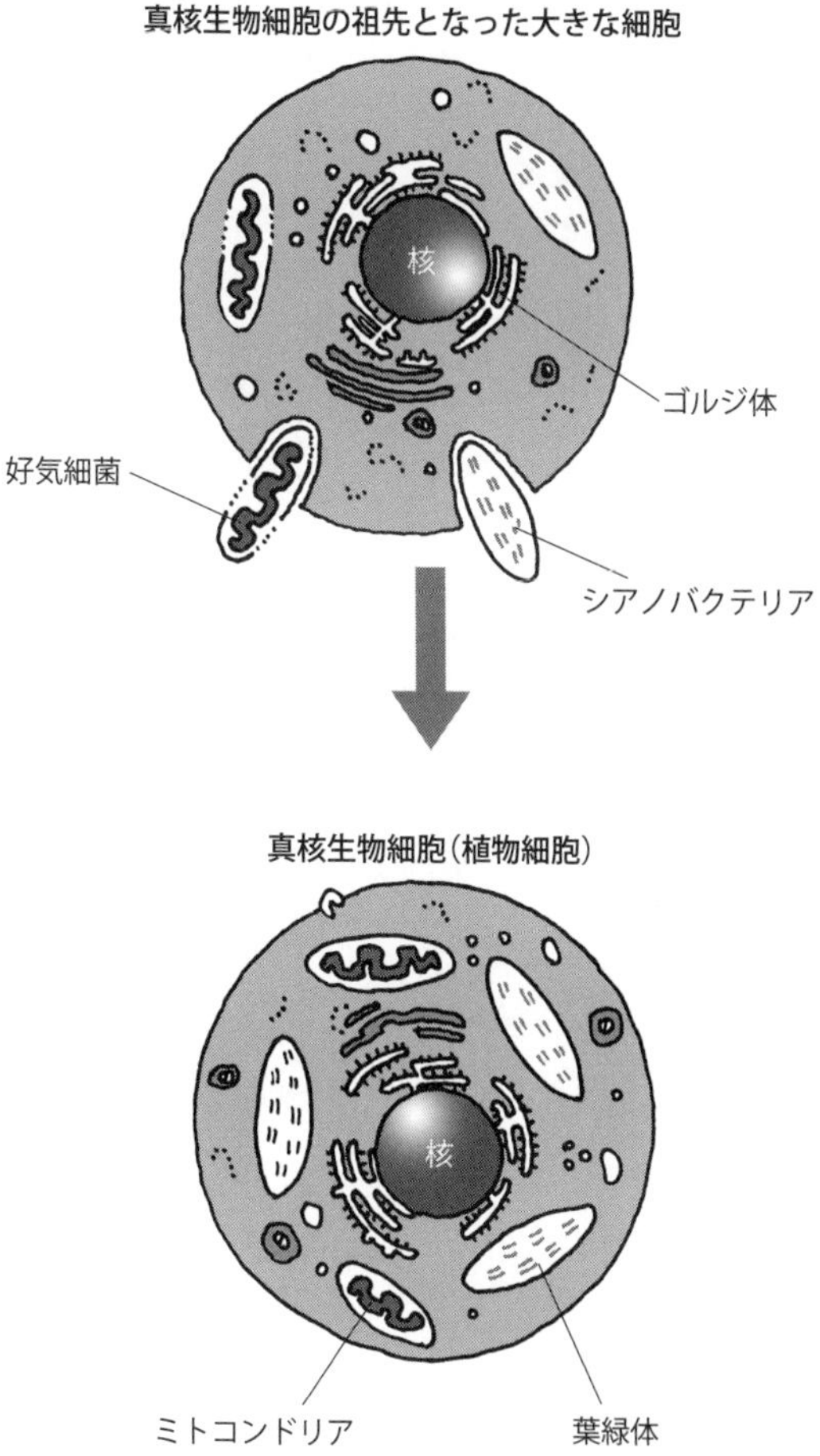

図9-2　真核生物の起源の共生説

多細胞生物

十数億年前の地層から多細胞生物らしき化石は報告されていますが確かではありません。はっきりと多細胞生物とわかる化石が出てくるのは6億年くらい前からです。

その中で有名なのが、エディアカラ化石群（5億6500万〜5億4300万年前）でしょう。最初にオーストラリアのエディアカラから見つかった生物化石群です。その後、世界各地からこの時代の多細胞生物の化石が見つかっています。エディアカラ生物群の生物と現在の生物の関係はまだよくわかりません。

多細胞生物では、形や役割の異なる多くの細胞が組織や器官を作っているのが特徴です。単細胞生物は、そもそも大きな体を作れません。

カイメンは多細胞生物ですが、細胞の分化があまり起きていないので原始的な多細胞生物と考えられます。一方、多くの個体が集まって群体というものをつくる生物もいます。その中で、カツオノエボシ（通称電気クラゲ、一つのクラゲのように見えますが、多くの個虫が集まった群体です）のように、形の異なる個虫がそれぞれの別の機能を持つようになった群体もいます。多細胞生物と群体を作る生物の境界は曖昧です。

図９-３　エディアカラ生物の化石　© NASA

いずれにしても、各細胞が機能・役割分担をしたことによって、脳が発達できたとも考えられます。生物の進化にとってはこれも重要な進化です。多細胞生物が誕生したと思われる約6億年前は、最後のスノーボールアース期が終了したころです。その間身を潜めて生きながらえた生物が、スノーボールアース期が終わったことがきっかけで大進化した可能性もあります。また、多細胞生物の方は単細胞生物よりも活動量が多いので、それを可能にする酸素濃度に達していたとも考えられます。

性の起源

大腸菌のようなバクテリアでも接合ということを行い、二つの細胞が遺伝子の交換を行うことがあります。しかしはっきりとした雌雄性があるのではありません。

はっきりとした雌雄性を持つのは真核生物だけです。有性生殖では染色体の数が半分の生殖細胞ができます。生殖細胞のうち、大きくて栄養分を持っているのが卵細胞、小さくて運動性があるのが精細胞です。それが１：１で融合（受精）して再び元の数に戻ります。つまりこうしてできる子は、雌（母）方からと、雄（父）方からの遺伝子を半分ずつ持っていることになります。運動性を持った精子と、栄養を持った卵子を作る個体を分けた、つまり分業を行っているということになります。

雌雄がなく単純に細胞分裂で増えることができる無性生殖と違い、雌雄を持った生物が有性生殖をするには、まず雌雄が出会わないとなりません。でも、雌雄があった方がこうした面倒な点を上回るメリットがあるのです。それは、⑴進化が速くなる（遺伝子の多様な組み合わせができる）、⑵有害な突然変異（ＤＮＡの損傷）を片方の遺伝子で修復できるということだと思われます。もしかするともう一つ、若返り（年齢のリセット）とも関係しているかもしれません。個体は老化しますが、子供を産むことによって命を繋《つな》ぐことができます。大腸菌も接合を強制的に止めると死んでしまいます。

真核生物がいつごろ雌雄性を獲得したのかはよくわかっていません。おそらく、多細胞生物が登場してから間もないころだと思われます。

最初の脊椎動物

ヒトもその一員である脊椎動物は、背中に脊椎という骨が通っていて、体を支えています。脊椎は脊柱をつくる骨のことでありますが、同時に脊柱を指すこともあります。脊柱はいわゆる背骨で、骨と軟骨で中の脊髄を保護しています。脊髄は脊柱の中を通っている神経の束で、頭部で膨らんで脳となっています。

脊柱ばかりか他の骨も体を支え、内臓を保護し、運動能力を高めるという重要な役割を果たしています。それともう一つ、体の中でのカルシウムイオン（Ca^{2+}）の濃度調節の役割も果たしています。体液中のCa^{2+}が足りなくなれば骨の一部を溶かすことによって供給され、体液中のCa^{2+}過剰になれば骨として沈着します。Ca^{2+}は代謝機能や筋肉の収縮、情報伝達などの重要な役割を果たしています。ここでも、体の中のCa^{2+}イオン濃度を一定に保つ負のフィードバックが見られます。

カンブリア紀（5億4100万〜4億8500万年前）に入ると生物の化石が急増しま

す。すでに登場していた多細胞生物の種類が一気に増えるのです。その中で、中国の雲南省の古生代カンブリア紀に入って間もない5億2000万年前の地層から、たくさんの生物化石が見つかり、澄江《チェンジャン》生物群と名付けられました。またカナダ・ブリティッシュコロンビア州の、澄江よりも少し遅れた5億400万年前のバージェス頁岩《けつがん》からもたくさんの動物化石が見つかり、バージェス動物群と名付けられました。澄江生物群からはミクロンミンギアと呼ばれる動物が、バージェス動物群からはピカイアと呼ばれる動物が見つかります。現代でいうとナメクジウオみたいな生物です。ナメクジウオは〝ウオ〟とありますが、魚類ではなく脊索動物というものになります。背中に神経の束と、それを守るまだ骨ほど硬くはない脊索がある動物です。脊索が脊柱へと進化したのです。

やがて、古生代のデボン紀（4億1900万～3億5900万年前）には、現在型の魚類が登場します。

さらに古生代デボン紀の3億6000万年前には、もう両生類が登場します。代表的なのは、体長1ｍと巨大なイクチオステガです。形はオオサンショウウオに似ています。両生類は鰭《ひれ》が肉質のシーラカンスの仲間から進化したようです。両生類は幼生のうちは

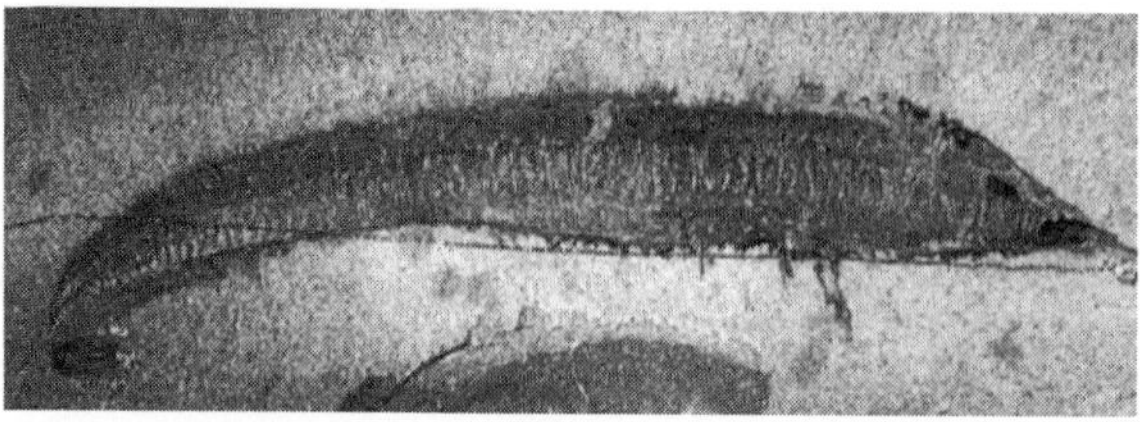

図9-4　ピカイアの化石（NCAR）

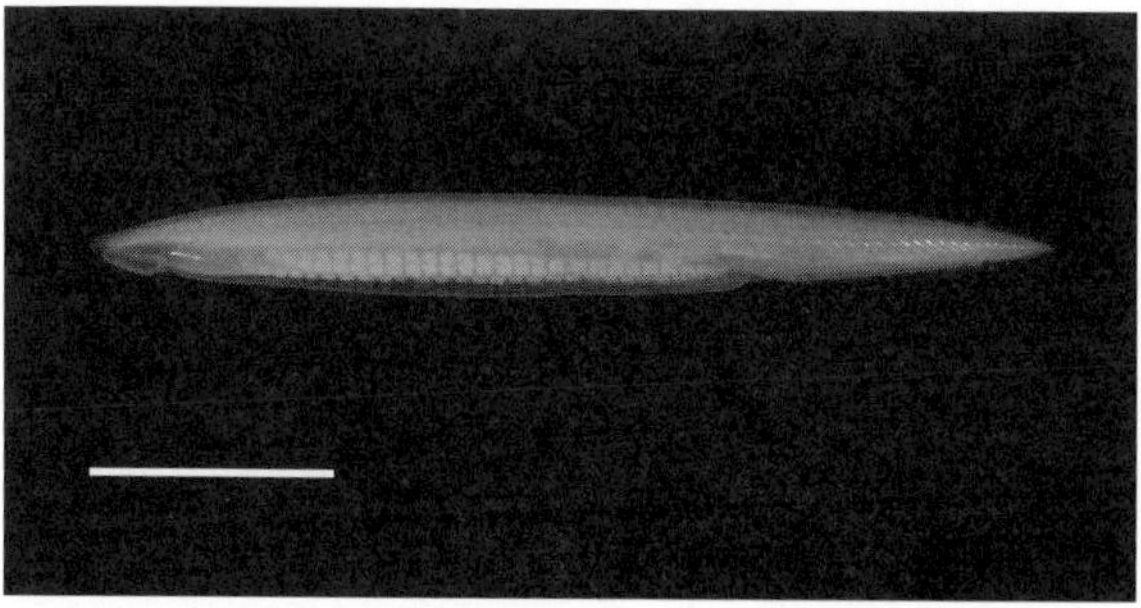

図9-5　現生のナメクジウオ
白いスケールバーは 10 mm（豊橋市自然史博物館）

水中でエラ呼吸をしていますが、成長すると変態して肺呼吸になります。皮膚には毛、羽毛、鱗《うろこ》はなく、いつも湿っていてガス交換を行っています（皮膚呼吸）。心臓は魚の一心房一心室よりは少し複雑になって、二心房一心室です。この両生類が陸で生活できるようになった最初の脊椎動物です。

植物の進化

生物の上陸ということであれば、植物が動物よりも先行しています。おそらく4億7000万年前ころには、水辺に生えていたと思われる植物化石が出てきます。はっきりとした陸上植物の化石は4億2000万年前のクックソニアです。これから地球の緑化が始まりました。これ以後植物は、荒涼とした大地を動物が陸で暮らせるような緑の大地へと大きく変えていくのです。脊椎動物の上陸は植物よりも6000万年ほど遅れました。おそらく植物が上陸してからそれほど間をあけない時期に、節足動物（昆虫など）は上陸していたと思われます。節足動物の方が脊椎動物よりも早く上陸していたことになります。

図9-6　鱗木。3億年くらい前の高さ20 m以上になる巨大なシダ類の幹の化石。(大阪市立自然史博物館)

生物が上陸できたということは、大気中の酸素濃度もかなり高くなって、上空でオゾンが作られるようになったということです。オゾンは生物にとって有害な太陽の紫外線をカットしてくれるからです（169ページ）。

その後植物は古生代デボン紀（4億1600万～3億5900万年前）には、巨大な木部を持つものが大森林を作るようになります。このころの巨大植物はまだ胞子で繁殖していました。さらに植物は乾燥に耐える種子をつくるものが登場し（デボン紀後半）、さらに石炭紀（3億5900万～2億9900万年前）の後半に裸子植物（ソテツ類、イチョウ類）が登場します。イチョウは中生代に大繁栄し、現在でもほぼ同じ形で残っている〝生きた化石〟です。中生代（2億5200万～6600万年前）の初期には現在の針葉樹が出そろいます。そして、種子を完全に心皮で包んで保護する被子植物の登場は、中生代中ころの1億5000万年前ころだと思われます。植物の大進化は動物の大進化よりも少し先んじています。

脊椎動物の進化

再び脊椎動物の進化に戻ります。両生類に続いて爬虫類《はちゅうるい》が登場するのは、古生代の石炭紀（3億5900万～2億9900万年前）です。爬虫類の卵は堅い殻で包まれて乾燥に耐えることができます。体も鱗で覆われていて乾燥から体を守ることができます。だから、水辺から離れた一生を送ることができます。心臓は両生類と同じ二心房一心室です。体温も両生類と同じく、外気温に左右される変温です。

爬虫類は中生代（2億5200万～6600万年前）に大繁栄します。陸では恐竜が闊《かっ》

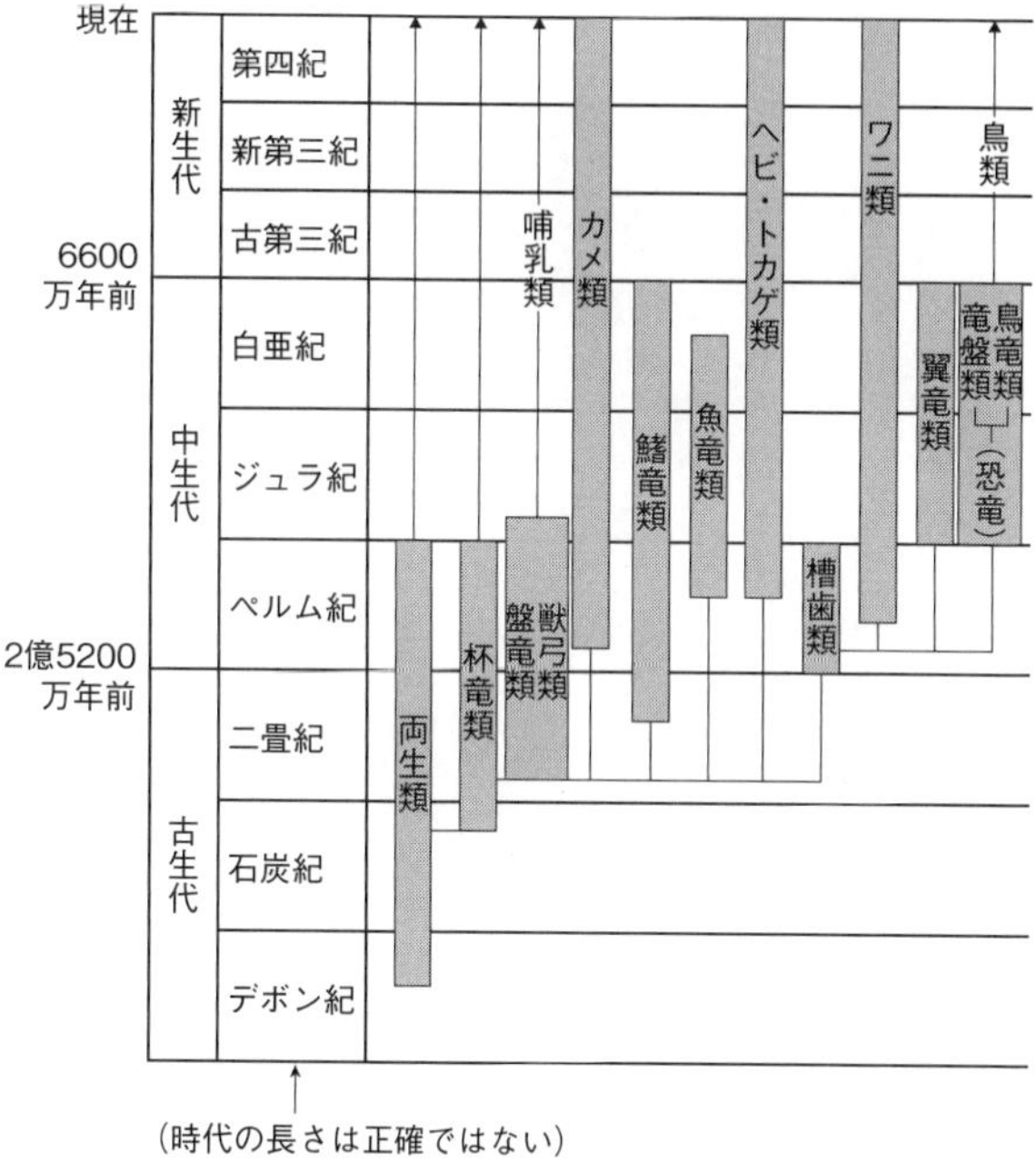

図９-７　爬虫類、哺乳類、鳥類の進化

歩《ぽ》し、空には翼竜が舞い、海には首長竜やイルカ型の魚竜が泳ぎ回っていました。恐竜の一部は鱗ではなく羽毛を持つものもありました。さらには体温も維持できる（恒温性）恐竜もいた可能性も高いです。また、魚竜の中には卵胎生のものもいました。中生代は大型爬虫類の天下だったのです。陸においては、植物の進化にも対応してきました。それが6600万年前の大事件、隕石《いんせき》衝突により全部絶滅してしまったのです（199ページ）。海ではアンモナイト類も絶滅しました。ただ、生き残った爬虫類もいます。カメ、ヘビ、トカゲ、ワニの仲間です。

哺乳類の起源は意外と古く、中生代の三畳紀（2億5200万～2億100万年前）には、もう哺乳類がいたといわれています。現在とのつながりがはっきりとわかるのは、中生代の白亜紀（1億4500万～6600万年前）に登場する有袋類（正確には後獣下綱）です。有袋類は胎盤が未発達で、子供は未成熟の状態で生まれます。まだ親の形にはなっていないとても小さな子どもは自力で母親のおなかの育児嚢《いくじのう》の中に入り、そこで育てられます。有袋類は後に登場する有胎盤類（正確には真獣下綱）との競争に敗れました。

われわれ有胎盤類の古い化石は、白亜紀の地層から出てきます。どうも食虫類だったようです。哺乳類は体が毛に覆われていて体温を一定に保てる恒温性で、心臓も酸素を多く含む血液と二酸化炭素を多く含む血液が混ざらない二心房二心室になっています。

ただ、中生代は恐竜が繁栄した時代です。小型だった哺乳類は物陰に潜み、恐竜が活動しない夜に生活していたために色覚を失いました。恐竜絶滅後に昼に活動するものも登場しましたが、多くの哺乳類は色を見分ける能力があまり高くありません。魚類、両生類、爬虫類、さらに鳥類では、目の中の色を見分けるタンパク質（視物質）が4種類あるのに、霊長類以外の哺乳類ではそれが2種類しかないのです。霊長類で色覚は少し復活しますが、それでも色を見分けるタンパク質は3種類しかありません。おまけに、赤と緑を感じる光の波長が近いので、赤と緑が見分けづらいという個体がしばしば現れます。これはヒトも例外ではありません。

哺乳類の他に、恐竜絶滅後に一気に進化したのが鳥類です。鳥類の登場は哺乳類より遅かったようです。有名な始祖鳥はジュラ紀（2億〜1億4600万年前）の後期です。ただ、始祖鳥は現在の鳥類の直接的な祖先ではなさそうです。鳥類の登場は始祖鳥よりも古いようですが、はっきりとした化石は始祖鳥よりも少し遅い白亜紀の初期の1億2500万年ころになります。このころの中国河北省の地層から孔子鳥や中華鳥といった鳥類の化石が出るようになります。

鳥類は哺乳類と同じ二心房二心室の心臓で、羽毛を持つ恒温性の動物です。そして多くの鳥類が飛ぶことができます。また、恐竜から引きついだ吸う息と吐く息が混ざらない気嚢《きのう》という優れた呼吸システムを持っています。鳥類の弱点は、新陳代謝が盛んなためにたくさん食べなくてはならないので飢えに弱いことです。

鳥類の祖先は恐竜、それもあの陸上では史上最強のハンターであるティラノサウルスの仲間（獣脚類）であることもわかっています。獣脚類の恐竜には気嚢があり、なかには羽毛を持つものもいて、さらに恒温性も持っていたともいわれています。鳥類は獣脚類の恐竜の直接的な子孫なので、〝恐竜の生き残り〟といわれることもあります。

いずれにしても、哺乳類や鳥類は6600万年前の生物大絶滅が起きたK／Pg境界を乗り越えて生き残った、種の存続の大ピンチをチャンスに変えて、さまざまな形へと進化（適応拡散）していくことになります。変温動物よりも恒温で新陳代謝が活発な、

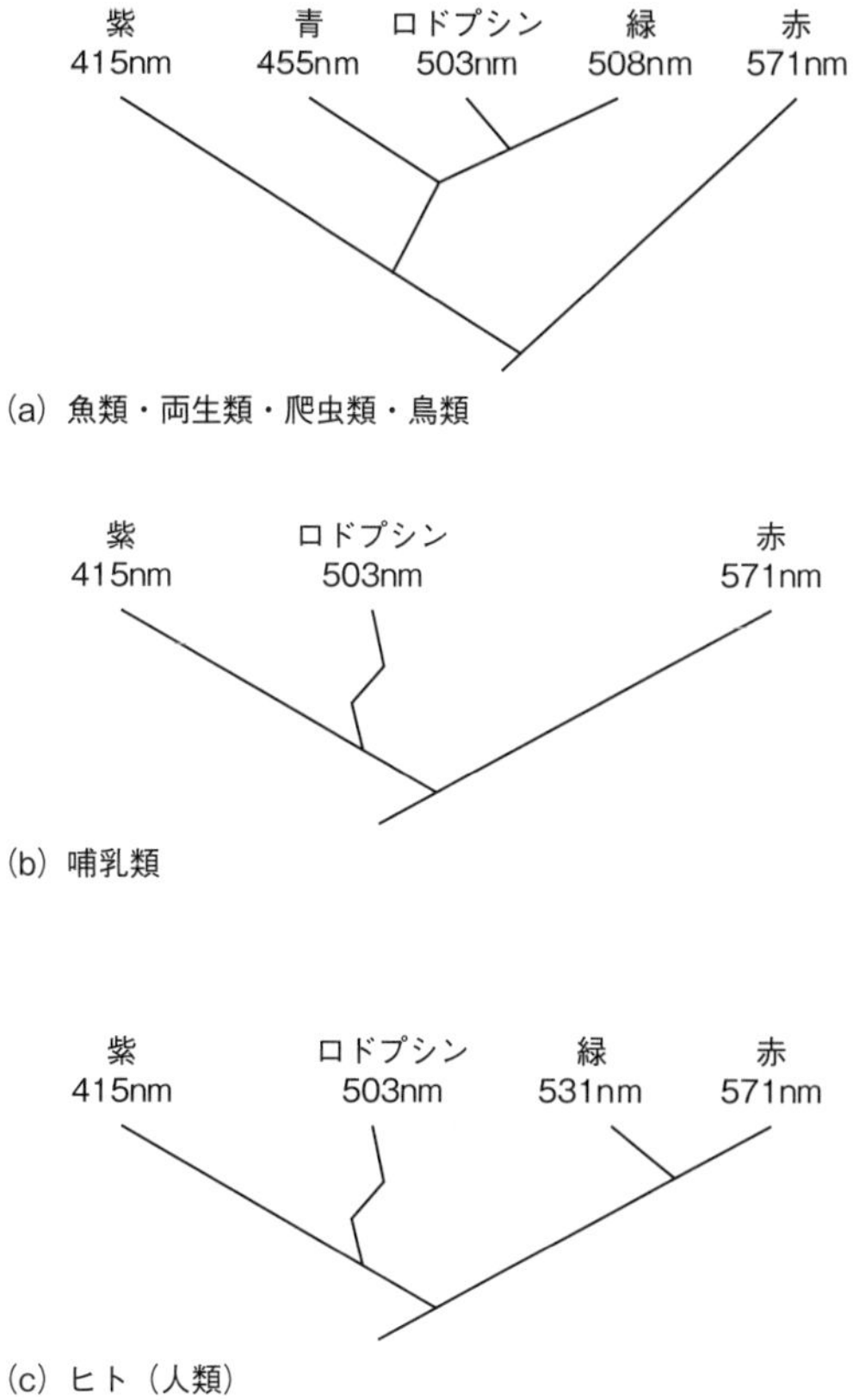

図9-8　色を見分けるタンパク質の進化系統樹
哺乳類は緑を感じるタンパク質がなくなった。ヒトで復活したが、赤から分岐しているため感じる波長も近い。数値は感じる光の波長。nm（ナノメートルは1000分の1mm）。ロドプシンは明暗を見分ける視物質。

その分たくさんの食糧を必要とする哺乳類や鳥類が、このK／Pg境界をなぜ生き残ることができたのかについては206ページで考えました。

人類の進化と世界への拡散

ヒトとは何か、これも生命とは何かと同じく難しい問いです。特徴を列挙すると、脳が発達して道具を使うことができる（チンパンジーやオランウータンも道具を使う）、複雑な言語体系がある、火を使用するなどのほか、犬歯が発達していないという特徴もあります。さらに他の類人猿にはみられない大きな特徴は、常時直立二本足歩行をすることでしょう。

二本足歩行することで手（動物の前足）が自由に使えるようになり、また、重たい脳をのせやすくなりました。鯨類などはヒトよりも大きな脳を持っていますが、体重比で見るとヒトの方が圧倒的に大きいです。二本足歩行の代償は体重を支える腰に負担がきやすい、また難産になりやすいということでしょう。

ヒト（人類）の祖先がチンパンジー・ボノボの祖先とわかれたのは、およそ600万

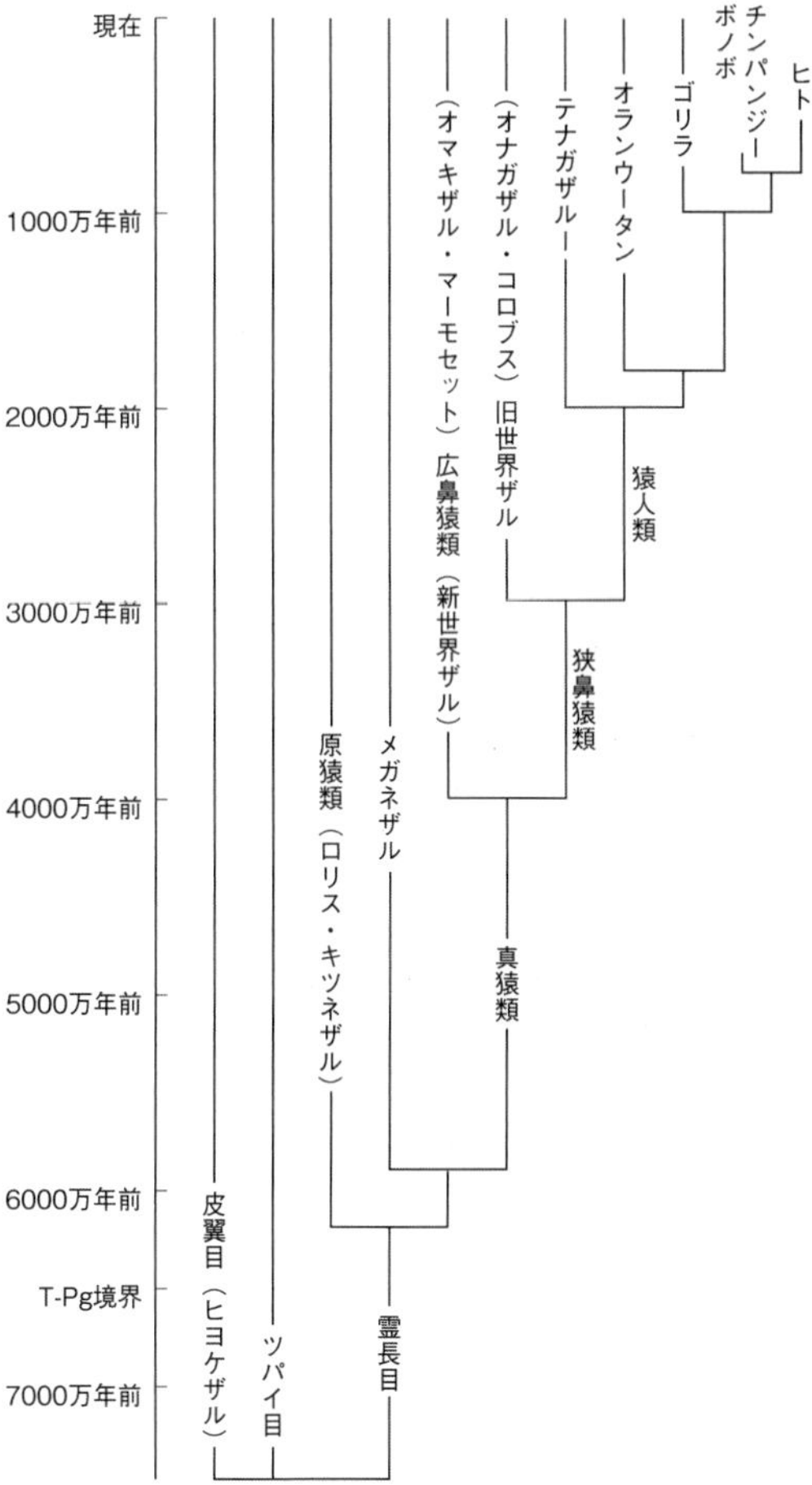

図9-9　ヒト（人類）への進化系統樹（分岐の年代には諸説ある）
こうした系統樹で最後に分化したヒトが一番進化している、生物界の頂点に立っているということではありません。現在まで生き残っているということは、それぞれがこの環境に適応して生き残ったということです。

年前～700万年前くらいといわれています。どうしてサルからわかれたのかもよくわかりませんが、アフリカの乾燥化に伴う森林の縮小とサバンナの拡大ということが背景にあると思われます。すなわち、森林の樹上生活からサバンナでの地上生活へと、生活スタイルを大きく変えざるを得なかったのかもしれません。二本足歩行は、草原で遠くを見通すのに役だったと思われます。

人類の進化の大きな流れは、猿人（アウストラロピテクス）→原人（ホモ・エレクトス）→旧人（ホモ・ネアンデルターレンシスなど）→新人（ホモ・サピエンス）です。〝ホモ〟が人類という意味です。

細かく見ると、化石人類にはいろいろな種類があります。でも、それらのほとんどはホモ・サピエンスには繋がらない、絶滅してしまった種のようです。不思議なことは、こうしたさまざまな人類はみなアフリカで誕生したということです。なぜアフリカだけが、新しい人類発祥の地になるのかはわかっていません。

最初のホモ属がいつごろ登場したかもよくわかりません。どの人類化石をホモ属と認定するかにもかかっています。それでも、200万年以上前、もしかすると400万年前にはホモ属がいたらしいと考えられています。

ホモ・エレクトスは180万年前ころに登場します。エレクトスは直立するという意味です。常時二本足歩行していたので、これが真正のホモ属です。ホモ・エレクトスになった人類は初めてアフリカを出て（第1回目の出アフリカ）、アジアまで到達しました。ジャワ原人や北京原人たちです。ジャワ原人や北京原人は、現在のインドネシアや中国の人とは繋がっていない、数十万年前に絶滅した人類です。ただ、なぜか小さくなったジャワ原人の一部（フローレス原人、大人でも身長1・1m程度）はほんの数万年前まで生存していたという証拠もあります。そうだとすると、ホモ・サピエンスはホモ・エレクトスと遭遇した可能性があります。遭遇した場合、互い相手をどう認識したのでしょう。

初期のホモ・エレクトスの脳容量は750〜800mL《ミリリットル》程度ですが、後期には1100〜1200mLにまで大きくなっています。なお、われわれホモ・サピエンスの脳は1300〜1400mLくらいです。

旧人は、ヨーロッパのネアンデルタール人（ホモ・ネアンデルターレンシス）や、中央ユーラシアのデニソワ人（ホモ・デニソワ）などが属します。彼らは数万年前までは生存していた地域があります。なかには、脳の容量が1600mLを超えるものもいました。絵を描いたり、死者を埋葬するなどの〝文化〟もあったようです。

そして、その場所では、現生人類（新人、ホモ・サピエンス）も同時にいた可能性が高く、実際ホモ・サピエンスのDNAにはネアンデルタール人やデニソワ人由来のものが入っていることもわかってきました。こうしたことから、ネアンデルタール人やデニソワ人は、われわれと同じ種だとして、それぞれは亜種のホモ・サピエンス・ネアンデルターレンシス、ホモ・サピエンス・デニソワとする研究者もいます。この場合、われわれはホモ・サピエンス・サピエンスとなります。サピエンスは〝考える〟というような意味なので、われわれの学名は、考えに考え抜くヒトという意味です。実際にそうなのかはわかりませんが。

現在のホモ・サピエンスは20万年ほど前にアフリカで誕生して、10万年くらい前から世界中に広がっていったようです（第2回目の出アフリカ）。つまり、現在の人類はアフリカに起源を持つ単一種なのです。いわゆる〝人種〟は生物学的には意味がありません。

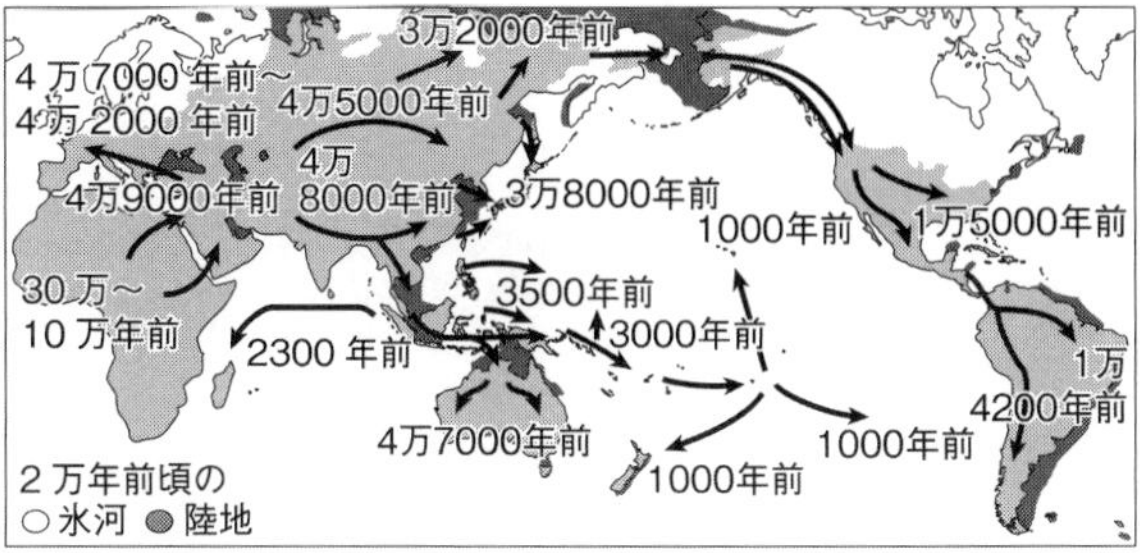

図9－10　アフリカから世界へと拡散するホモ・サピエンス

ちなみに〝民族〟は、同じ文化・宗教、同じ生活習慣を持つグループのことで、生物学的な概念ではありません

アフリカを出たホモ・サピエンスは、拡散の過程でネアンデルタール人やデニソワ人と遭遇しましたが、アフリカに残った人たちにはそうした機会がなかったということになります。だから、アフリカに住んでいる人たちのＤＮＡには、ネアンデルタール人やデニソワ人由来のものがありません。

アフリカを出たホモ・サピエンスは、氷期で海面が下がっていたベーリング海峡（当時シベリアとアラスカが繋がっていたのかはわかりませんが、繋がっていなくても海峡は狭く、そして浅かったと思われます）を渡り、まさにあっという間に南米の先端まで到達します。一番遅くホモ・サピエンスが到達したのは太平洋の島々です。そしてその後１０００

年も経たないうちに、ヨーロッパ人の船乗りたちが、これらの島々を「再発見」することになります。

人類が世界中に拡散する短い時間で、さまざまな言語・文化にわかれてしまいました。言葉ではお互いに意思疎通ができなくなってしまったのです。これは、考えようによっては不思議なことです。ただ、ボディランゲージは共通なものが残っています。例えば、相手に向かってニコニコしながら掌を開いた右手を軽く挙げるというのは、敵意はない、友好的な関係を結びたいという意味であることは全人類に共通です。しかし、このボディランゲージが宇宙人に対しても通じるかはわかりません。

第十章　宇宙に生物はいるか、そして出会えるか

宇宙に生物はいるか

　ここでは地球型生物を考えます。地球型生物の体を作る有機物のもとになる元素は宇宙に普遍的にあるし、しかも生物の有機物は存在比の高い元素からできています。じっさい、有機物の直接的な材料となる分子が宇宙にたくさんあるということは、電波観測からもはっきりとわかっています。そればかりか、有機物そのものも隕石《いんせき》から見つかっています。宇宙には生物の体の材料はたくさんあるのです。

だから、その有機物を材料として生命が誕生してもおかしくはありません。そして、1995年の発見以後、続々と太陽系以外の惑星系も見つかっています。その数は2021年時点で確認されている惑星を持つ恒星は約3600個弱、一つの恒星で複数の惑星を持つものもあるので、惑星の数は5000個弱に達します。

　その中でも太陽系から40・5光年の距離にあるトラピスト1という恒星には、7つの

惑星があり、そのうちの3個は惑星表面に水が存在できるハビタブルゾーン内にあることがわかりました（2017年）。

真ん中の恒星は赤色矮星《わいせい》というタイプになります。赤い色をしているということは、表面温度が低いということです。表面温度が低いということは、ハビタブルゾーンが狭いということです。ですから普通はハビタブルゾーン内に惑星が存在する確率は低いということになります。ところがこの惑星系は、太陽系では水星の軌道の大きさの内側に、7つの惑星の軌道が収まるという非常にコンパクトなサイズのために、狭いハビタブルゾーン内に7つの惑星のうち3つの惑星が入っています。しかも岩石を主体とした惑星らしいこともわかりました。赤い色をした恒星は寿命が長いので、生命が誕生する、そして高等生物へと進化するだけの時間は十分にあります。

こうした極端な構造の惑星系は比較的見つけやすいので見つかったという面があります。逆にいえば、見つけにくい太陽系のような惑星系の中でも、ハビタブルゾーン内に惑星が入っている恒星もたくさんあるだろうということになります。

何しろ宇宙は広大で、そこには無数といってもいい恒星があります。太陽が属する天

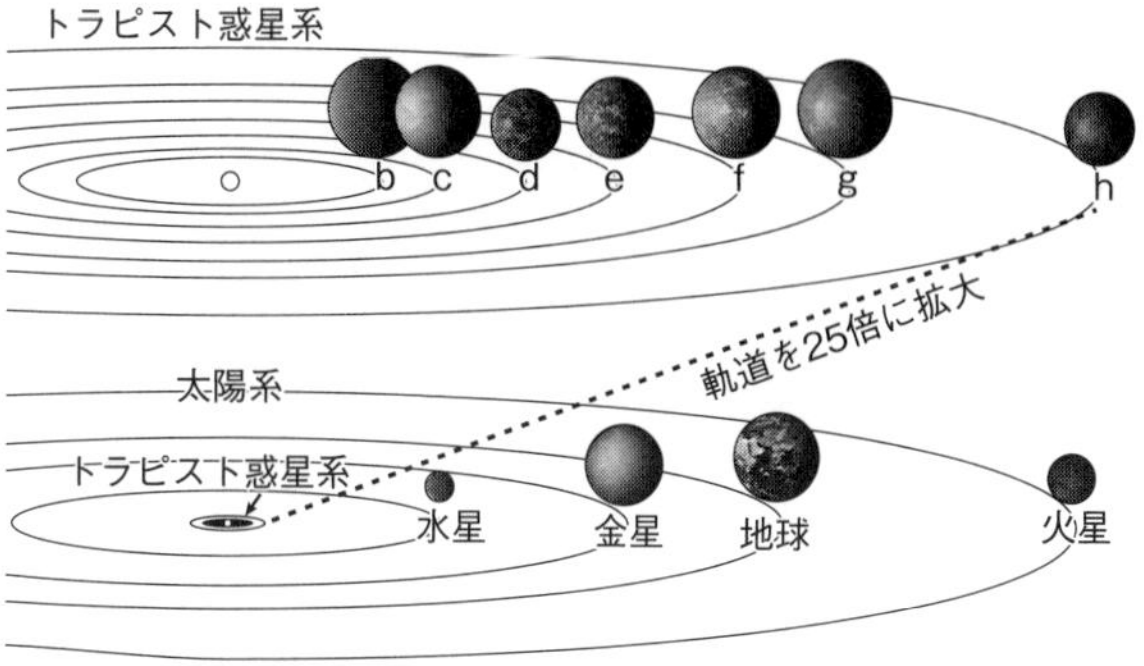

図10－1　トラピスト惑星系（上）と太陽系
トラピスト惑星系は、地球の軌道に対して25倍に拡大している。7つの惑星のうち、e、f、gがハビタブルゾーン内にある。これを含めて全部が地球程度の大きさらしい。この図はNASAの動画から切り出した。

の川銀河だけで恒星は1000億以上あります。そうした銀河は宇宙に数千億個、最近では2兆個以上あると考えられています。宇宙には無数の恒星があるので、平均的な恒星である太陽のような恒星も無数にあります。だから、地球のような惑星も無数にあると考えることができます。

もう一つ、宇宙が誕生してから138億年経っています。つまり自然に起こるいろいろな化学反応で、偶然に生物の体の材料である有機物を作る反応が起こるだけの時間は十分にあります。いろいろな試行錯誤が数限りなくできるということです。地球は約46億年前にできた、生命は38億年前に誕生したとすると、生命誕生までに8億年の時間がかかったことになります。でも、それだけの時間があれば生命は自然に誕生できたということです。

つまり、人間による実験と根本的に違うのは、数と時間です。人間がアミノ酸を人工的に合成できるようになったのは1953年です。まだ70年も経っていません。80年としても、8億年の1000万分の1の時間しか使えていません。8億年を24時間とすると、その1000万分の1は0・01秒にしかなりません。材料や条件を変えながら、試行錯誤して実験できる回数にも限りがあります。でも、宇宙にはそうした制限はないのです。

こうしたことを考えると、宇宙に生物はいないという確率はかなり低い、広大な宇宙のどこかに生命が誕生するだろう。その中で、知的な生物まで進化した〝宇宙人〟がいる惑星があってもおかしくはないということになります。ただ、「宇宙に生命はいない」というのは〝悪魔の証明〟なので、その証明はできないという人もいます。

問題は宇宙に生物がいたとして、それを見つけることができるかです。あるいは知的な宇宙人と出会えるかです。

実際に太陽系以外の惑星を直接探査できるようになるのはずっと先のことでしょう。トラピスト惑星系でもその距離は40・5光年です。太陽系に最も近い恒星ケンタウルス座α《アルファ》星（その中のA星）に惑星があるらしい、しかもハビタブルゾーン内にあるらしいとわかってきましたが、ここでも４・３光年です。

１９７７年に打ち上げられたアメリカの惑星探査機ボイジャー２号は、２０２１年時点で太陽―地球の距離の１２０倍のところ、太陽風が届く限界を超えて太陽系の外の宇宙空間に出ましたが、それまでに40年以上かかっています。ボイジャー２号はいま、太陽に対して秒速14・４kmで飛んでいます。一番近いケンタウルス座α星までの距離が４・３光年、すなわち４・１×10^{13}kmですから、今の速度を保っても２・８×10^{12}秒、つまり９万年ほどかかります。太陽系外惑星の探査はあまり現実的ではありません。

ただ、ケンタウルス座α星の惑星に電波を使える技術を持った宇宙人がいれば、少しは可能性があります。電波の交信でも往復で８・６年もかかります。日本の戦国時代の末期に、日本にキリスト教を広めようとやってきた宣教師たちは、数か月以上、場合によっては1年以上の時間をかけて本国と手紙のやりとりをしていました。それを思えば、往復で10年以上かかる通信もできないことはありませんが、それもケンタウルス座α星に知的な生物がいた場合です。宇宙人がいたとしても、ここではなくもっと遠い可能性の方が大きいです。

いずれにしても宇宙人と交信する場合の前提は、われわれ人類と同じときに宇宙人が存在するということです。つまり、宇宙人はいるかもしれないが、存在する時期がずれていれば会えないということになります。例えば、地球に宇宙人が訪れたとして、それが6億年前なら陸上にはまだ植物はない、もちろん動物もいない荒涼とした世界で、海中でようやくエディカラ生物群のような生物がいただけです。2億年前なら恐竜や原始的な哺乳類はいましたが、意思の疎通などできなかったでしょう。研究対象にしかなりません。逆に100万年後の地球に来ても、人類はもう滅んでいる可能性が高いです。

宇宙人と交流し、互いの存在を確認するのにはある程度の文明、とくに電波を使える程度の技術を持っていないと難しいと思われます。そこでアメリカの天文学者ドレイク

（1930〜）は、1960年に次のような式を提案しました。宇宙人方程式とか、ドレイクの式と呼ばれています。これはわれわれの太陽が属する天の川銀河内で、知的な生物が同時に存在する惑星の数を求めるものです。

$N = N^{*} \times fp \times ne \times fl \times fi \times fc \times L$

N：天の川銀河の中に存在する知的生物がいる惑星の数（個）

N*：銀河系の中の恒星の数（個）を恒星の平均寿命（年）で割ったもの（銀河の中で1年間に誕生する恒星の数〈個／年〉）

fp：恒星が惑星を持つ確率

ne：一つの惑星系で、全惑星中ハビタブルゾーン内に存在している惑星の数（個／個）

fl：生命が誕生する確率

fi：その生命が知性を持つ生物にまで進化する確率

fc：他の生物と交信できる技術（文明）を持つ確率

L：その技術（文明）を維持できる期間（年）

天の川銀河と限定しているのは、系外銀河は遠すぎて光（電波）の速さでも交信が難しすぎるからです。この式の最初の3つは、ある程度の科学的な推定が可能です。

まず最初のN^*です。恒星の寿命も無限ではないということを考慮したものです。天の川銀河の恒星の数が1000億個、平均的な恒星である太陽の寿命が100億年ですから、これは10個／年とすることができます。1年間に10個の恒星が生まれ、10個が死ぬので、天の川銀河内の恒星の数は一定ということになります。

次は恒星が惑星を持つ確率です。恒星同士が引力で回りあう連星は珍しいものではなく全体の20%～30%、あるいはそれ以上といわれています（第二章）。たぶん惑星を持つ確率も連星と同じ20～30%として、その中間の25%（4分の1）を採用します。

neについては、系外惑星が続々と見つかっているので、今後はもう少し信頼度の高い数値が出せるかもしれません。ただ、これはまだ詳しくはわかっていないので、太陽系を考えると8個の惑星のうち、甘い見方では3個（金星、地球、火星）、厳しい見方をすると1個（地球）です。すなわち8分の3～8分の1（個／個）です。ここではあとの計算を簡単にするために、8分の3・2（4分の1・6＝2・5分の1）とさらに少し甘い数値にします。すると、N^*～neまでで、1個／年となります。

N*〜neまでは、このようにある程度の推定が可能です。しかし次からは、地球以外の生命が見つかっていないので、その人がどう考えるかという数値になってしまいます。

まず生命が発生する確率です。生命の発生は必然だから確率は1という人から、生命の発生の確率はまったくの偶然でほとんどゼロという人までいます。その次のfiも難しい。生命が発生したら必然的に知的生命に進化する、つまり確率は1という人から、生

		楽観論	中間論	悲観論
N*	天の川銀河で一年に生まれる恒星の数（個／年）	10	10	10
fp	恒星が惑星を持つ確率	1／4	1／4	1／4
ne	ハビタブルゾーン内に存在する惑星の数（個／個）	1／2.5	1／2.5	1／2.5
fl	生命が発生する確率	1	0.01	0 ほとんど
fi	知的生命まで進化する確率	1	1	0 ほとんど
fc	技術文明を持つ確率	1	1	0 ほとんど
L	文明を維持できる期間（年）	100万	1万	100
N（個）	天の川銀河内の文明の数（個）	100万	100	ほとんど0

図10－2　ドレイクの式

命が誕生しても知的生命に進化するのはきわめて難しいから確率はゼロという人までいます。さらに電波を使える技術を持つ可能性も必然だから1という人から、これも確率はゼロという人までいます。

もっと難しいのはその技術文明をどれだけ維持できるかです。マルコーニ（イタリア、1874〜1937）が、実用的な無線交信を発明したのは1920年ころです。ですからまだ100年です。これをどれだけ維持できるかということになります。文明が発達した知的生命なら100万年間くらいは大丈夫だろうという人から、明日にでも未知の病原体により人類は衰退する、あるいは偶発的に起きてしまった核戦争で滅亡する、地球温暖化によりそれほど遠くない時期に滅亡するという人までいます。でも、この見積もりが結果に大きく効いてきます。100年と100万年では1万倍も違います。

結果は前ページの表のようになります。

中間論の100個では、差し渡し直径10万光年の天の川銀河では、知的生命がいる惑星を持つ恒星間の距離は数万光年です。電波を使った交信で往復数万年ということは、文明を維持できる期間を1万年としたので、これは交信できないということになります。

楽観論の100万個は多い、宇宙には知的生命が満ち溢れていると感じるかもしれません。でも、天の川銀河1000億個の恒星中100万個なので、割合としては10万分の1です。天の川銀河を半径5万光年、厚さ2万光年の円柱と考えると、その体積は、$2\pi \times (5万光年)^2 \times 2万光年 = 3 \times 10^{14}(光年)^3$になります。これを知的生命がいる惑星の数100万個で割ると、生命がいる恒星の平均領域は$3 \times 10^{8}(光年)^3$です。この体積は半径約400光年の球の体積です。つまり、知的生命が存在する恒星間の平均距離はその倍の800光年です。楽観的な見積もりでも、隣の知的生命はそれだけ離れています。

悲観論ではわれわれが存在しているのが不思議ということになります。

いるはずの宇宙人と遭遇できないことに対して、イタリアの有名な物理学者フェルミ（1901〜54）は、「彼らはどこにいるんだ」（1950年）といったそうです。でも、もしいても会えないのは当然です。過去から現在までに宇宙人はいた可能性はありますが、同時に存在する、さらに交流できる範囲内に宇宙人がいる可能性はとても低いということになります。同時に存在するというところがハードルの高いところです。宇宙は広く電波は遅い、空間と時間を克服する技術がないと宇宙人と出会うのは難しいでしょう。

ですから残念ながら、地球にさまざまな宇宙人が、さまざまなタイプの宇宙船（空飛ぶ円盤）に乗って、しばしば地球を訪れているということはないといっていいでしょう。

それでも、現代の文明を何千万年、何億年と維持できれば、宇宙人と出会えるかもしれません。そのときにどういう態度で接したらいいのでしょう。高度な知性をもっていれば自然と平和を好むようになるという意見と、人類を考えてもそうとはいえないという意見があります（人類の知性はまだそれほど高度ではない証《あか》し？）。あまり長く文明を維持すると恒星の寿命が尽きてしまうので、その前に母惑星を出発して住みやすそうな惑星を探す放浪の旅に出ている宇宙人がいるかもしれません。地球がそれに該当してしまったら植民の対象になってしまいます。それ以上に自由に恒星間飛行ができるような宇宙人にとって、人類は対等につきあうことができない単なる研究対象にしか過ぎない、もし人類が他の天体で生物を見つけても、ミミズやナメクジ程度だったら研究対象にしかならないのと同じ扱いを受けてしまうかもしれません。

とりあえずは人類は、宇宙の片隅でひっそりと、そして試行錯誤しながら暮らしていくしかないでしょう。

【自己増殖型ロボットによる宇宙探査】

広大な宇宙を探査するとき、光や電波の秒速30万kmでは遅すぎます。そこで考えられるのは、自己増殖型のロボットを使うという手段です。自己増殖型ロボットとは、自分を作る材料を見つけると、自分のコピーをどんどん作ることができるロボットです。自己増殖型ロボットは、そのアイデアを出したF・ノイマン（ハンガリー→アメリカ、1903〜57）の名を取り、ノイマン型ロボットといわれることもあります。

自己増殖型の宇宙探査機をばらまけば、どこかで偶然に自分を増殖できる材料がある天体を見つけた探査機が、そこで自分のコピーを作ってまた宇宙にばらまく、そのコピー探査機がまた別の天体で材料を見つけてコピーを作って宇宙にばらまく、ということを繰り返すことができます。すると探査機は指数関数的（ネズミ算的）に増えるので、天の川銀河程度の大きさならわずか（！）数億年で探査できるという試算もあります。

ところが、地球には宇宙人による探査を受けた形跡が残っていないので、これを「宇宙人はいない証拠」とする人もいます。一方、地球や太陽系は興味深い観察対象なので、〝一般の宇宙人は立ち入り禁止〟に指定され厳重に保護されている地域だという人もいます。

いずれにしても、宇宙人には出会えないということになります。

宇宙人へのメッセージ

宇宙人と交信したり、あるいは宇宙で宇宙人と出会ったときに、宇宙の中での地球の位置をどう伝え、われわれの知的レベルをどう伝えたらいいのでしょうか。

1972年、アメリカは木星探査機パイオニア10号、11号を相次いで打ち上げました。木星探査を終えたあと、両機は太陽系を出る初めての探査機となりました（注1）。そのために、もしかするとその探査機を宇宙人が見つけて調べるかもしれない、そのときわれわれ人類の情報をどう伝えればいいかということになりました。

そこで天文学者カール・セーガンのアイデアで、探査機には図10-3のようなプレートが積まれることになりました。これから宇宙人は、人類についてどのような情報を得られるでしょう。

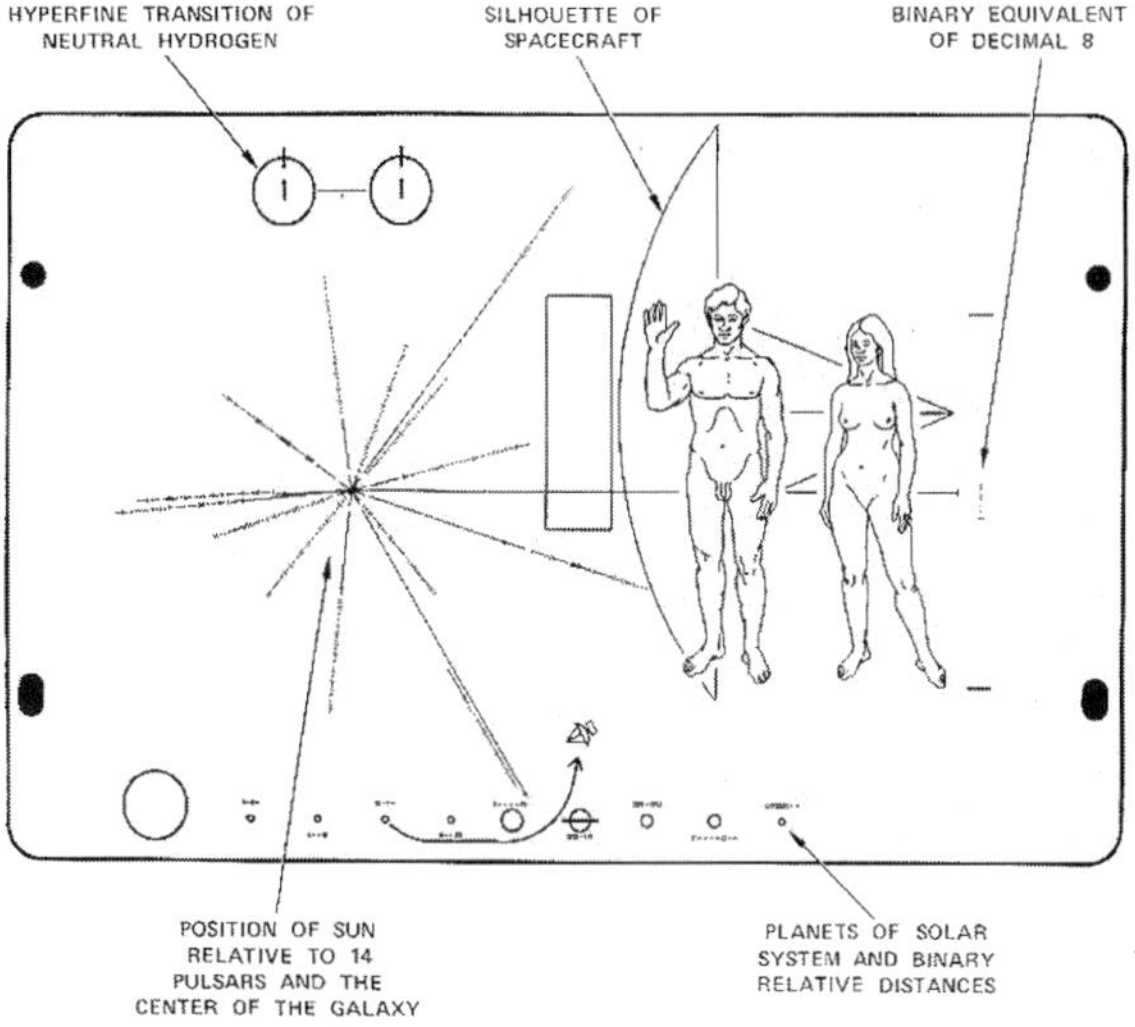

図10－3　探査機に載せられたプレート

まずわかるのは人類の姿です。男性と女性の二つのタイプがいる（注2）、これが探査機を打ち上げた生物だろうと想像できます。また後ろがパイオニア号なので、それと比較して、人類の大きさもわかります。さらに下に並んだ円から、太陽の周りを回る3番目の惑星から飛び立ったということもわかります。左上の二つの円は水素分子の構造、女性の右の線の間隔は20cmで、間の点のように見えるのは8進数、20cmを8倍すると女性の身長になります。ようするに、人類の科学・数学の知識

（レベル）を示しています。

では、太陽系の位置はどう示されているのでしょう。それが左の放射状の線です。パルサー（非常に短い周期で強い電波を出す天体、正体は中性子星）と、天の川銀河の中心に対する太陽系の位置を示しているのです。宇宙を漂うパイオニア号を回収できるほどの科学技術を持つ宇宙人なら、この程度は解読できるだろうということです。

注1　実際は、1977年に打ち上げられた惑星探査機ボイジャー1号、2号の方が、速度が速いために太陽系を先に出ます（太陽系の範囲の定義によってはもう出ています）。ロケットの推力がパイオニア号よりも大きいので、金メッキされた銅のレコードが積まれています。もちろん再生方法も一緒です。内容は地球上のさまざまな風景（データ）と、各国語での挨拶（日本語の「こんにちは」も入っています）、さらにバッハからビートルズまでの音楽も入っています（尺八の音楽も入っています）。詳しくは次のサイトを参照。

https://voyager.jpl.nasa.gov/golden-record/whats-on-the-record/

注2　初めの案では、男女は手を繋《つな》いでいたのですが、一つの生物と思われるとまずいという

ことで手は離しました。また服も着ていたのですが、これも体と誤解される可能性があるので服は脱ぎました。問題は、男性が右手を挙げていることです。微笑《ほほえ》みながら右手を軽く挙げるのは、地球上の人類では言語は違っていても、友好的だということを示す共通のボディランゲージです。でも、宇宙人もそうだという保証はありません。

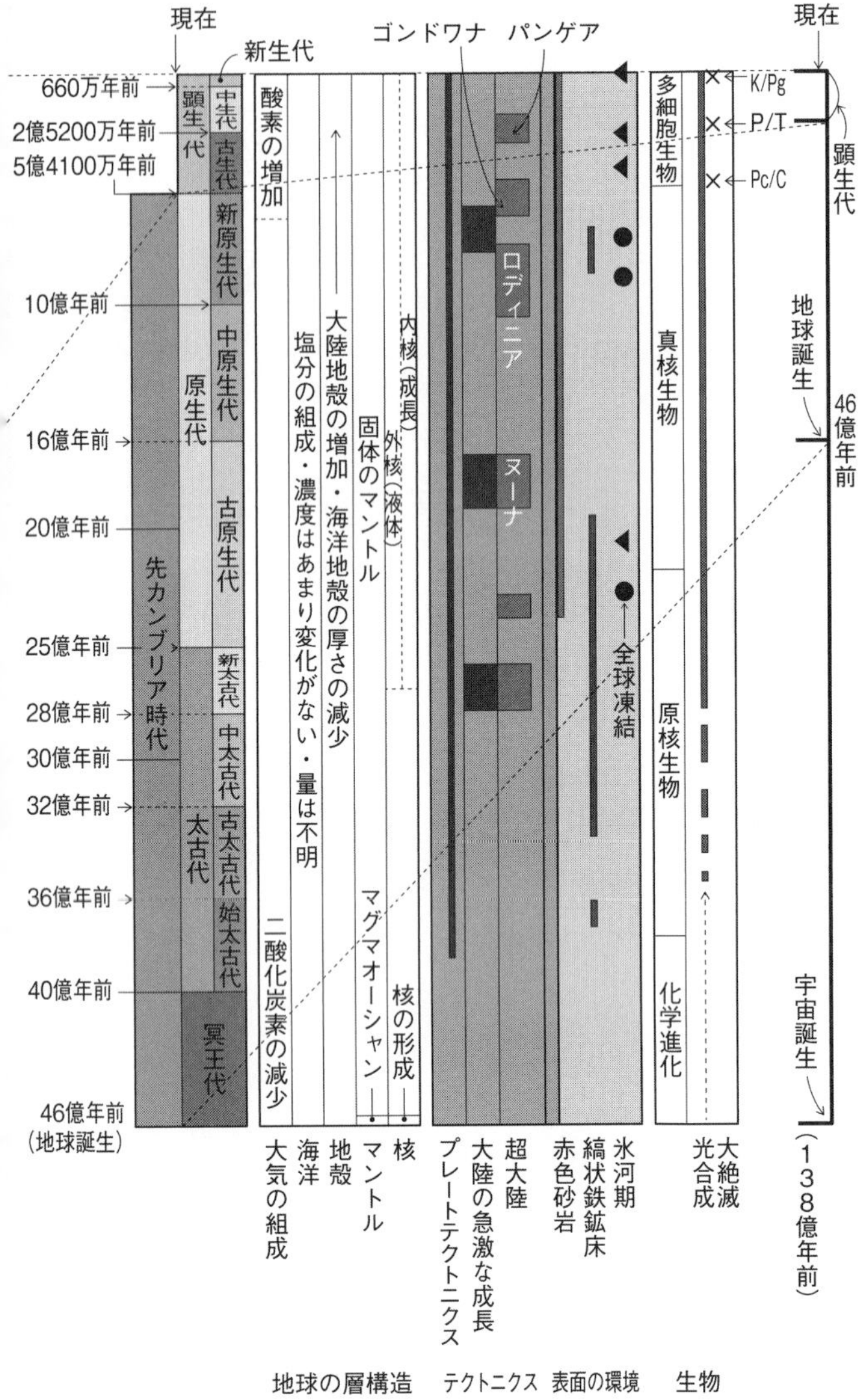

現在
新生代
660万年前
2億5200万年前
5億4100万年前
10億年前
16億年前
20億年前
25億年前
28億年前
30億年前
32億年前
36億年前
40億年前
46億年前
(地球誕生)
顕生代
中生代
古生代
新原生代
中原生代
古原生代
原生代
先カンブリア時代
新太古代
中太古代
古太古代
始太古代
太古代
冥王代
酸素の増加
塩分の組成・濃度はあまり変化がない・量は不明
大陸地殻の増加・海洋地殻の厚さの減少
固体のマントル
内核(成長)
外核(液体)
二酸化炭素の減少
マグマオーシャン
核の形成
ゴンドワナ
パンゲア
ロディニア
ヌーナ
全球凍結
多細胞生物
真核生物
原核生物
化学進化
K/Pg
P/T
Pc/C
現在
顕生代
地球誕生
46億年前
宇宙誕生
(138億年前)
大気の組成
海洋
地殻
マントル
核
プレートテクトニクス
大陸の急激な成長
超大陸
赤色砂岩
縞状鉄鉱床
氷河期
光合成
大絶滅
地球の層構造
テクトニクス
表面の環境
生物

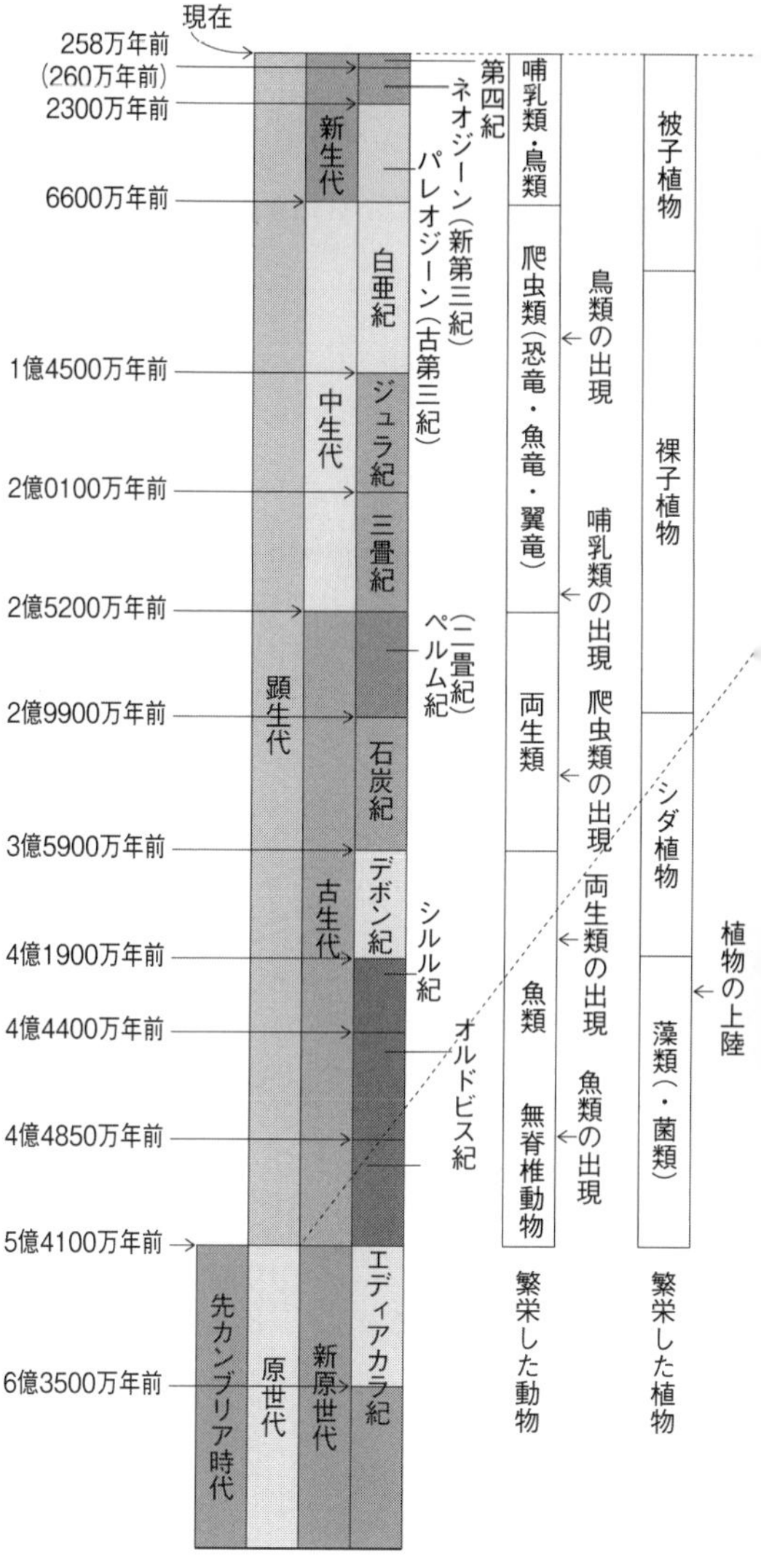

地質年代表（時代区分の年代は国際層序委員会 2021 の数値を採用）

あとがき

筑摩書房の鶴見智佳子さんから、ちくまプリマー新書の一冊として「どのように地球は生き物が住める星になったのか？」という内容の本を書いてみませんかというお話を頂いたのは、去年（2021年）の9月初めのことでした。それは自分にとっては壮大すぎる話だし、現役を引退してすでに6年以上経過して新しい情報にも疎くなっている、浅学非才、大学を卒業後すぐに就職したので研究の実績もない、またとくに詳しい分野もない非専門家なので、もてあますほどの内容ですとお答えしました。でも、鶴見さんから「こういう本は専門家ではない人の方がいいのです。」ということを伺い、また自分の年齢を考えるとまとまった本を書くならこれが最後の機会かと思い引き受けることにしました。

一人で宇宙―地球―生命の全史を書くのは不安でした。ただ、これまでの一般向けのこの種の本に対する不満もありました。一つは話の筋を追うのが主で、なぜそう考えられるのかということに対する理由や根拠を丁寧に解説したものが少ないこと、もう一つは逆に説明が一般の人には難しすぎるものがあることです。

後者の例として考えていたのは、放射性同位元素を使った年代測定についてです。地球史を語る上で年代測定は不可欠です。ただ、なぜ放射性同位元素を使って年代測定ができるのか、またその年代が何を意味しているのかということの説明があまりないか、逆にいきなり数式を出しているものもあり、これでは一般の人にはわかりにくいだろうという思いを持っていました。

そこで試し原稿として初めに、放射性同位元素を使った年代測定について書いてみました。放射性同位元素でなぜ年代測定ができるのかという原理から、放射性同位元素を使ったおもな年代測定法、そして最後に目的である地球の年齢の推定方法とその意味まで書いてみたら、これだけで50ページを超える分量になってしまいました。さすがにこれでは長すぎます。実際には地球の年齢の推定方法についてだけの3ページほどに圧縮しました。一般の人にこれでわかりやすく伝えられるのか、少し不安な部分です。

あとこの本を書くときに気をつけたのは、自然界（宇宙―太陽系―地球）で起きている現象は単独の原因―結果というものではなく、一つの現象にもいろいろな原因が組み合わさっていて、またのその結果が他の現象の結果とともに、次の現象の原因にもなっているということです。つまり、自然界は原因と結果が複雑に絡み合った、あたかも縫い目のないシームレスなものだということです。

こうした自然界の見方は名古屋大学時代に接した地球物理学島津康男教授の考え方で、これに強く共鳴しました。残念ながらその名古屋大学でも、このような自然界の見方は一時途絶えたようです。この本ではおもに地球のシームレスなシステムの具体例をいくつか出したつもりです。また、宇宙―地球―人類のそれぞれのシステムは、相互に関係しているということも意識してきました。ただ、人類の影響についてはあまり触れることはできませんでした。

鶴見さんの最初の意向では、宇宙の誕生から生命の発生までを、とくに地球がどうやって生命の発生の場となれたのか、それはなぜかということを中心としたものにしたかったようです。でも、実際に目次立てをしていくと、生命の発生までではなく、その後の地球―生命の共進化、地球の大激変を生き抜き、またそれをばねにして進化してきた生命、そればかりではなくその生命自身もが地球の環境を大きく変えてきた、そしてさらに自分たちが変えた環境に適応するように進化したという地球と生命の共進化までを書いた方がいいと思うようになりました。

現在の地球上の生物はすべて40億年近い生命の歴史を背負っている存在です。つまり、それぞれの進化系統樹の一番末端にいる存在です。我々人類はその一つに過ぎません。でも、人類の特徴はみずからのことを考えることができることです。こうした存在が宇宙に他にもいるだろうかという思いも最後にまとめました。

この本は、専門家から見ればなんと初歩的なものか、また最新の学説を追う人からはなんと情報が古いものばかりなのかと思われるかもしれません。この本は最新の学説を追うのではなく、またできるだけ一般の方々にも理解していただけるように、高校教科書程度のものになっています。

最後に本を書くきっかけをいただいた鶴見智佳子さん、ＰＲ誌「ちくま」での紹介ばかりか、ゲラの段階で内容のチェックと細かい校正までしてくださった家正則国立天文台名誉教授には深く感謝いたします。もちろん、内容の責任は著者にあります。

参考図書

一般向け

『地球以外に生命を宿す天体はあるのだろうか?』佐々木貴教（岩波書店、二〇二一年）
『新説宇宙生命学』日下部展彦（カンゼン、二〇二一年）
『系外惑星と太陽系』井田茂（岩波新書、二〇一七年）
『爆発する宇宙』戸谷友則（講談社、二〇二二年）
『宇宙の誕生と終焉』松原隆彦（SBクリエイティブ、二〇一六年）
『できたての地球』廣瀬敬（岩波書店、二〇一五年）
『宇宙137億年のなかの地球史』川上紳一（PHP研究所、二〇一一年）
『アストロバイオロジーとはなにか』瀧澤美奈子（SBクリエイティブ、二〇一二年）
『生命の起源はどこまでわかったか』高井研編（岩波書店、二〇一八年）
『生命はいつ、どこで、どのように生まれたのか』山岸明彦（集英社インターナショナル、二〇一五年）
『宇宙と生命の起源』嶺重慎・小久保英一郎（岩波書店、二〇〇四年）
『生命進化8つの謎』ジョン・メイナード・スミス、エオルシュ・サトマーリ著・長野敬訳（朝日新聞社、二〇〇一年）

『地球・惑星・生命』日本地球惑星科学連合（東京大学出版会、二〇二〇年）
『生命と地球の共進化』川上紳一（NHKブックス、二〇〇〇年）
『地球・生命の大進化』田近英一監修（新星出版社、二〇一八年）
『新しい地球史』神奈川県立博物館編（有隣堂、一九九四年）
『生命と地球の歴史』丸山茂徳・磯崎行雄（岩波新書、一九九八年）
『地球進化46億年の物語』ロバート・ヘイゼン・円城寺守監修・渡会圭子訳（講談社、二〇一四年）
『スノーボールアース』ガブリエル・ウォーカー・川上紳一監修・渡会圭子訳（早川書房、二〇〇四年）
『凍った地球』田近英一（新潮社、二〇〇九年）
『地球環境46億年の大変動史』田近英一（化学同人、二〇〇九年）

少し専門的なもの

『地球生命誕生の謎』M・ガルゴー他・藪田ひかる監訳（西村書店、二〇二一年）
『地球惑星科学入門』岩波講座地球惑星科学1　松井孝典他（岩波書店、一九九六年）
『地球進化論』岩波講座地球惑星科学13　平朝彦他（岩波書店、一九九八年）

『地球と生命』現代地球科学入門シリーズ15　掛川武・海保邦夫（共立出版、二〇一一年）
『地球・生命――その起源と進化』大谷栄治・掛川武（共立出版、二〇〇五年）

ちくまプリマー新書

195 宇宙はこう考えられている
——ビッグバンからヒッグス粒子まで
青野由利
ヒッグス粒子の発見が何をもたらすかを皮切りに、宇宙論、天文学、素粒子物理学が私たちの知らない宇宙の真理にどのようにせまってきているかを分り易く解説する。

250 ニュートリノって何？
——続・宇宙はこう考えられている
青野由利
話題沸騰中のニュートリノ、何がそんなに大事件？ 素粒子物理学の基礎に立ち返り、ニュートリノの解明が宇宙の謎にどう迫るのかを楽しくわかりやすく解説する。

364 コペルニクス
——【よみがえる天才5】
高橋憲一
長く天文学の伝統であった天動説を否定し、地動説を唱えたコペルニクスによって、近代科学は大きな一歩を踏み出した。どのように太陽中心説を思いついたのか。

382 古代文明と星空の謎
渡部潤一
ストーンヘンジは夏至の日の出を示し、ピラミッドは正確に真北を向いている。古代人はどうやって計測したのか。当時の星空をシミュレーションして読み解く！

375 16歳からの相対性理論
——アインシュタインに挑む夏休み
佐宮圭
松浦壮監修
なぜ光の速さは変わらないの？ どうして重力は物を落とすの？ 時間は絶対的なもの？ 物理学者の父親にヒントをもらって思考実験を繰り返す高校生の物語。

ちくまプリマー新書

229
揺らぐ世界
――〈中学生からの大学講義〉4
立花隆／岡真理／橋爪大三郎
森達也／藤原帰一／川田順造
伊豫谷登士翁
紛争、格差、環境問題……。世界はいまも多くの問題を抱えて揺らぐ。これらを理解するための視点は、どうすれば身につくのか。多彩な先生たちが示すヒント。

230
生き抜く力を身につける
――〈中学生からの大学講義〉5
大澤真幸／北田暁大／多木浩二
宮沢章夫／阿形清和
鵜飼哲／西谷修
いくらでも選択肢のあるこの社会で、私たちは息苦しさを感じている。既存の枠組みを超えてきた先人達から、見取り図のない時代を生きるサバイバル技術を学ぼう！

305
学ぶということ
――続・中学生からの大学講義1
桐光学園＋
ちくまプリマー新書編集部編
受験突破だけが目標じゃない。学び、考え続ければ重い扉が開くこともある。変化の激しい時代を生きる若い人たちへ、先達が伝える、これからの学びかた・考えかた。

306
歴史の読みかた
――続・中学生からの大学講義2
桐光学園＋
ちくまプリマー新書編集部編
人類の長い歩みには、「これから」を学ぶヒントがいっぱいつまっている。その読み解きかたを先達に学び、君たち自身の手で未来をつくっていこう！

307
創造するということ
――続・中学生からの大学講義3
桐光学園＋
ちくまプリマー新書編集部編
技術やネットワークが進化した今、一人でも様々なことができるようになってきた。新しい価値観を創る力を身につけて、自由な発想で一歩を踏み出そう。

ちくまプリマー新書 396
なぜ地球《ちきゅう》は人間《にんげん》が住《す》める星《ほし》になったのか？

二〇二二年三月十日　初版第一刷発行

著者　山賀進（やまが・すすむ）

装幀　クラフト・エヴィング商會
発行者　喜入冬子
発行所　株式会社筑摩書房
東京都台東区蔵前二−五−三　〒一一一−八七五五
電話番号　〇三−五六八七−二六〇一（代表）
印刷・製本　株式会社精興社

ISBN978-4-480-68422-6 C0244　Printed in Japan